这样装修不出错

理想·宅 编

海峡出版发行集团
THE STRAITS PUBLISHING & DISTRIBUTING GROUP | 福建科学技术出版社
FUJIAN SCIENCE & TECHNOLOGY PUBLISHING HOUSE

图书在版编目 (CIP) 数据

这样装修不出错 / 理想・宅编 . —福州：福建科学
技术出版社，2018.6
ISBN 978-7-5335-5576-4

Ⅰ. ①这… Ⅱ. ①理… Ⅲ. ①住宅–室内装修
Ⅳ. ① TU767.7

中国版本图书馆 CIP 数据核字（2018）第 038996 号

书　　名	这样装修不出错
编　　者	理想・宅
出版发行	海峡出版发行集团
	福建科学技术出版社
社　　址	福州市东水路76号（邮编350001）
网　　址	www.fjstp.com
经　　销	福建新华发行（集团）有限责任公司
印　　刷	福建地质印刷厂
开　　本	700毫米×1000毫米　1/16
印　　张	13
图　　文	208码
版　　次	2018年6月第1版
印　　次	2018年6月第1次印刷
书　　号	ISBN 978-7-5335-5576-4
定　　价	36.80元

书中如有印装质量问题，可直接向本社调换

前言
Preface

    家庭装修是一项涉及面广泛、工序繁杂及时间长久的工作，装修结果的好坏直接影响着居住其中的人群。因此，有必要对装修设计的知识，进行系统的、全面的学习与了解，做到对装修内部的各种问题与秘密了然于心。

    本书共分为三个板块。第一板块是装修前期的准备工作，从业主选购房屋开始，详细地分析了热门户型与常见户型，并且将其中存在的猫腻，进行了解释。进而到选择什么样的装修公司、如何分辨设计师的真实水平、系统地了解装修预算、怎样选择到有品质的施工队等等。第二板块是装修中期的施工部分，向业主介绍了各种装修风格及每种风格的适合户型，如狭长的小户型选择简约风格，会起到良好的效果等。还包括详细的装修材料介绍与对比、各种施工之间的相互关系与施工标准、如何进行工程的验收。第三部分讲到装修后期的家居配饰，其中包括家具的采购、家居配饰的分类及搭配原则，如客厅内大量布艺织物的运用，可以起到温馨空间的效果等。

    参与本书编写的人员有：武宏达、杨柳、张蕾、郭宇、赵利平、穆佳宏、刘杰、于兆山、蔡志宏、邓毅丰、黄肖、刘彦萍、孙银青、肖冠军、赵莉娟、李小路、李小丽、周岩、张志贵、李四磊、安平、王佳平、马禾午等。

目录 CONTENTS

第一章

知己知彼：
装修前期准备工作要充分

　　大家都知道，做任何事情都需要先理清头绪。"装修"作为家庭中的大事之一，更是要先理清头绪。可是，装修是一门复杂的艺术，专业性很强，并非人人都懂。因此怎样装修才能更省钱，成为业主关注的首要问题。由于装修是一次性消费的东西，在我们的生活当中面临装修的日子并不是很多，所以很多业主对装修了解得不多，不懂在装修过程中会出现哪些问题，从而经常是迷迷糊糊地交了不少装修费，又迷迷糊糊地装完房子，但结果却不甚满意。为了避免这样的事情发生，规避装修中的风险就显得尤为重要。

户型装修重点掌握

　　良好的户型是展现优秀家居空间的重要前提。因此，哪些是优秀的户型，哪些是选购户型要避免的问题等等，这些是户型装修的重点。内容上提供了缺陷户型的解决办法；细致地分析了几大主要户型的优缺点；选购新房及二手房时的注意事项与细节装修等。

好户型的五大要素

1. 实用性

　　较大的厨房空间，并不狭窄的卫生间更易展现户型的实用型，我们在注意大客厅与大卧室的同时最易忽略这些最实用的户型设计。厨房与卫生间应保持一定的距离，且门口不可相对；阳台一定要朝南向，方便日常的洗衣晾晒；卧室间选择方正的空间，避免空间内的多棱角。

　　小提示

　　整体户型更加方正、不狭长与不拥挤，符合家庭人口分布空间，更加实用。

2. 通透性

　　简言之，通过室内打开的门窗，从而达到流通整个空间的穿堂风是保持室内通透性的标准。包括视觉的通透性，客餐厅一体空间会增大空间的视觉宽阔度，身处室内拥有良好的视觉延伸感。还包括具有良好的自然光线，令空间充满温暖的光亮，没有黑暗的压抑角落。

　　小提示

　　客厅阳台的窗口空间越大，越能起到提升空间通透性的效果。

3. 私密性

　　分为室内与室外的私密性，家庭社交空间与私人空间的私密性。室内与室外的私密性表现在窗户的设计上，一般窗口离地面 80 厘米更易保证卧室间的私密度，因此不用担心越大的窗户私密性越差，而是保证离地面合理距离的窗户拥有更好的私密性；保证家庭社交空间与私人空间的独立性，同样可以起到保护室内空间的私密效果。

　　小提示

　　卧室间的床具高度最好低于窗口的高度，保证充足的私密性。

4. 安全性

安全性是室内空间的一大要素。楼层越高，安全性越高。低矮的楼层则建议安装防盗窗栏。室内防盗门在装修结束之后应重新更换，或者将锁芯更换。所在小区内的管理同样是十分重要的。这些综合起来可以评判一处室内空间的安全性是否合格。

小提示

选购楼房时看好开发商，建筑合格、用料标准的楼房才是最好的选择。

5. 经济性

相同户型面积下，更加合理的、紧凑的与功能齐全的户型具有更高的性价比。因此，挑选户型时，应将更多的目标放在户型的舒适度上面。

小提示

交通便利的情况下，较远的楼房地段也是不错的选择。

 装修解疑

如何了解户型的房屋质量？

了解一梯两户、两梯多户、两梯四户、两梯两户的概念

从私密性、舒适性、对流性等方面来考虑，最好的是两梯两户（一层两户双电梯），其次是两梯四户、一梯两户、两梯多户。

两梯两户就是两家住户共享两部电梯，上下楼方便，住户私密性得到保障，而且双向对流，采光通风都非常充裕，保证了最大的生活舒适度。

如果开发商的楼盘设计为两梯多户，还在滔滔不绝地讲解自己楼盘的设计有多么的合理，那么购房者就要考虑开发商的诚信度了。

了解购房专业名词"隐梁隐柱"

例如"隐梁隐柱"是目前少数高端楼盘采用的建筑设计，利用新兴的先进建筑技术，以预应力的框架结构来承载建筑。这种设计的最大好处就是让业主在装修家居时可充分降低宽柱带来的家具布置难度，消除厚梁带来的吊顶美观度限制。如果你是一个爱家、喜欢布置、需要精装修的人士，建议挑选有这种设计的楼盘，以后装修可以方便很多。了解这项常识可以避免售楼小姐用购房者不常见的专业词汇来忽悠购房者多花钱，买到的房子却并非高端。

深入了解，知道如今哪种建筑质量可以信得过

现在建筑质量好的房子都采用框架剪力墙结构，也称框剪结构，有利于抗震、抵抗侧向风荷载等。其中，剪力墙结构的侧向刚度很大，变形小，既承重又围护。因此，买房时最好问一下售楼小姐楼盘的建筑结构，如果不是框剪结构，无论购房小姐如何保证质量，购房者都要慎重做决定。

装修建议

好户型应当具备的空间分离

生理分居

◎ 8 岁以上子女应该和父母分室居住。

◎ 15 岁以上异性子女间应分室居住。

◎ 两代夫妻应分室居住，以满足生理上对居住的要求。

动静分开

◎ 客厅、餐厅、厨房、音乐房、麻将室人来人往，活动频繁，应靠近入户门设置。

◎ 卫生间也应设在动区便于使用。

◎ 卧室显然需要最大程度的静谧，应比较深入。

◎ 动静两者应严格分开，确保休息的人能安心休息，要走动娱乐的人可以放心活动。

公私分开

◎ 家庭生活的私密性必须得到充分的尊重与保护，不能让访客在进门后将业主家庭生活的方方面面一览无遗。

◎ 不仅要求将卧室（主卧、父母房、儿童房）与客厅、餐厅、音乐房、麻将室（娱乐室）进行区位分离，还应注意各房间门的方向。

主次分开

◎ 为了家庭成员之间的起居互不干扰，主人房不仅应朝向好（向南或向景观）、宽敞、大气，而且应单独设立卫生间，应与父母房略有距离。

◎ 保姆房应与主要家庭成员的房间有所距离。

功能分区

◎ 不同的生活功能有不同的活动空间。会客要有客厅，睡眠要有卧室，梳洗要有卫生间，烹饪要有厨房，存物要有贮藏室，工作要有起居室，入口要有门厅，保姆要有保姆房，想接近大自然要有阳台等，一个好的户型应为居民提供这些必要的使用空间，以满足现代生活需要。

◎ 住宅一般有如下几个分区。（1）公共活动区，供起居、会客使用，如客厅、餐厅、门厅等。（2）私密休息区，供处理私人事务、睡眠、休息用，如卧室、书房、保姆房等。（3）辅助区，供以上两部分的辅助、支持用，如厨房、卫生间、贮藏室、健身房、阳台等。

干湿分开

◎ 主要指卫生间干燥空间与可能被水浸的区域分离。

◎ 干湿分开对卫生间面积的要求比较高，施工费用也相对较高。

◎ 浴门、浴帘等隔断是干湿分开的主要方式。

八种基本户型的优缺点

1. 平层户型

一套房屋的客厅、卧室、卫生间、厨房等所有房间均处于同一层面上的，称为平层户型。其所有的功能区都处在同一平面上，方便人们活动，尤其适合年纪老迈、行动不便的人群；小孩子在空间内自由地嬉戏，也不会令人担心。但平层户型的空间会比较单调，缺乏变化，同时设计上难有创新。

➕**优点**：方便老人、小孩及行动不便的人群在空间内的活动，安全性高。

➖**缺点**：空间布局较单调，缺乏变化。

2. 跃层户型

住宅占有上下两层楼面，卧室、起居室、客厅、卫生间、厨房及其他辅助用房可以分层布置，上下层之间的交通不通过公共楼梯而采用户内独用小楼梯连接的空间，称为跃层空间。一般情况，二层空间会分布卧室、卫生间等私密性高的空间；一层空间分布客厅、餐厅与厨房等交流空间。跃层空间有充足的家庭使用空间，适合多人口家庭的居住，并且良好的空间划分可以保证居室的私密性与相对独立性。

➕**优点**：家居内部空间分配合理。楼上作为私密性较强的卧室空间，楼下分布客厅、餐厅与厨房等。空间充满变化性，可塑性高。

➖**缺点**：连接两层空间的楼梯是关键。楼梯空间狭小、陡峭，不方便老人、小孩及行动不便的人群行走。

3. 错层户型

一套房子不处于同一平面的，即房内的厅、卧、卫、厨、阳台处于几个高度不同的平面上，一般客厅与餐厅空间会有高低错落的平台，称为错层户型。这样的空间内天然地形成区域分隔，因不同平面而独立出各自的区域。错层平台之间采用楼梯衔接，短短的几步踏阶方便人们的流动。空间的可塑性高，充满设计的可能性，会产生极具美感的家居空间。但应注意，在不同平台的衔接处设计栏杆扶手保证安全性，且楼梯踏阶越大越便于人们的流动。

➕**优点**：明确的区域划分效果，客厅餐厅一目了然。多样化的设计方式丰富了空间，令空间充满趣味性。

➖**缺点**：错落平台的衔接处，有安全隐患，应设计栏杆扶手；两处区域间的行走较麻烦，要跨越踏阶，尤其应注意小孩子的流动。

⊕ 优点：是高性价比的住宅空间，主要体现在高挑的楼层上面。且设计上，空间拥有出色的变化性并带给人们设计美感。

⊖ 缺点：隔层楼板的设计令上下两层牺牲了高挑的层高，有压抑感。楼层隔板的用料是关键，人们走在上面的噪音会影响空间的舒适性。

4. 复式户型

不具备完整的两层空间，但却拥有近两层普通住宅高度的，称为复式户型。在楼层的中间位置设置夹层用以分隔出上下两层的空间，将有效的室内空间设计出尽量多的实用空间。楼上布置卧室及卫生间，楼下为客厅、餐厅与厨房空间。复式户型分隔出的两层空间产生的低矮层高会带给人们压抑感，因此往往在客厅位置设计挑高空间。这样的空间拥有出色的设计感与赋予空间的变化性。

5. 一居室户型

一个卧室、一个客厅、一个独立卫生间、一个独立厨房的一居室户型满足人口少的青年人居住。空间在满足必要的功能区的情况下，没有多余的一处空间。往往厨房是敞开式的，而卧室与客厅之间的连接也若隐若现。空间拥有良好的整体性效果，但不适合喜爱做饭的人群。一居室户型更适合作为过渡时期的居住空间。

⊕ 优点：紧凑的一居室户型更便于空间的使用，并且通过简单的布置便可令空间充满温馨感。

⊖ 缺点：家庭人口的增加会带给空间沉重的负担，并不适合经常在家做饭的人群。

6. 两居室户型

⊕ 优点：满足多数家庭需求的情况下，具有良好的性价比。紧凑而不拥挤的空间带给人更多的便利。

⊖ 缺点：受总面积的局限，总会有一处空间使用拥挤且没有良好的采光。或者是厨房，或者是次卧室。

两居室户型可以满足一个家庭的正常需求而不会显得拥挤 。两居室户型比较重要的第"二"居室，这第"二"居室家庭里面的一个多功能分区，可以作为次卧、书房、衣帽间等等，它的面积不宜过大过小，过大会挤压其他功能分区如客厅、厨房等的面积，过小会影响其功能性的多样化。以 90 平方米两居室为例，其第"二"居室面积以建筑面积 10 平方米左右为佳。

7. 三居室户型

三处的卧室空间、较大的客厅及餐厅、厨房、卫生间等，共同构成了三居室户型空间。三居室户型设计更符合市场多数人的需求，可以满足一个家庭的日常需求。其中两处卫生间的设计是三居室户型的亮点，主卧室的独立卫生间便捷主人的使用，而公共卫生间也满足其他人的使用。

➕ **优点：** 两处卫生间及三处卧室间既可便于主人的使用，亦可提供多人员的居住，且拥有良好的空间容量。

➖ **缺点：** 缺少足够的露台空间是三居室户型不能解决的问题。

8. 别墅户型

从地下到地上，从室内到室外，空间充足的别墅户型空间在满足人们使用的前提下，更是展现生活品位的空间。一般房屋周围都有面积不等的绿地、院落。别墅户型多建设在城郊和风景区，拥有良好生活环境的同时，却牺牲了与城市的距离。

➕ **优点：** 可展现更好的生活品质，充足的室内外使用空间满足人们生活使用的同时，更是在强调一种生活方式。

➖ **缺点：** 因多建设在郊区与风景区，远离城市中心，不便于工作与生活之间的切换。

🔍 缺陷户型的解决办法

1. 狭小、拥挤的客厅

狭小、拥挤的客厅包括小面积客厅、狭长型客厅、不规则型客厅等。其中，小面积客厅的家具不好选择，若摆放的家具略大一些，空间会显得非常拥挤，动线受阻碍；狭长型客厅无法摆放电视柜以及侧边沙发，否则将导致客厅无法通行；不规则型客厅没有沙发的摆放位置，无论怎样摆放面积都无法充分利用。

化解办法： 想让客厅看起来宽敞，首先应该保持客厅的整洁，多选用收纳式的储藏柜，使空间具有更强收纳功能，在视觉上看不到什么杂物。其次，家具和摆设等是要精选的，要遵循"少而精"的原则。通常，那些造型简单、质感轻、体量小巧的家具，尤其是那些可随意组合、拆装、收纳的家具比较适合狭小、拥挤的客厅。另外，采用开放式的客厅装修，可以增大客厅的空间。

2. 面积过小的餐厅

餐厅面积过小，将会导致餐桌椅很不好选择，摆放常规尺寸的成品餐桌椅后，餐厅完全失去了流动的空间，走路不方便。其次，餐厅无法设计墙面造型，因为造型的突出部分将会侵占餐厅面积；而酒柜、餐边柜更是寻找不到可以摆放的位置。

化解办法：首先，紧邻厨房的狭小餐厅，可以将餐厅与厨房设计为一体，在形成一个整体的、较大的餐厨一体空间时，选择恰当比例的餐桌摆放在U字形餐厅空间的中央位置，两处空间在都得到利用的同时，设计出了各自的位置。或者，在墙体不能改变的情况，选择长方形餐桌或可拉伸餐桌紧靠墙侧摆，预留出通往厨房的活动空间，同样可以起到对于狭小餐厅合理利用的作用。

3. 主卧卫生间门口正对双人床

主卫门正对双人床，会使卫生间的异味容易向卧室扩散，导致卧室内的空间不新鲜，影响睡眠质量。同时，主卫门正对双人床，设计上不美观，影响卧室的整体设计效果。

化解办法：解决办法有两种，一是可以通过拆除与重建墙体，将主卫门移到相对隐蔽的位置。既做到独属于主卧室使用，又化解了格局难题；二是将衣帽柜设计在主卫门所属的墙面，将门口遮盖，设计成暗藏门的样式。这样可以最大限度地保留主卧室的空间整体性，同时又隐藏了较尴尬的主卫。两种办法可依据户型的实际情况，作出相应的选择。

4. 朝北向的昏暗房间

朝北向房间的明显问题是阳光不足，不能接收直接的太阳光，导致房间昏暗，影响居住在其中的人的精神状态。

化解办法：色调上，以浅色调、暖色系为主，而深沉、昏暗的色调只会加重房间的压抑感；空间布置中采用柔软的布艺装饰，"轻装修，重装饰"的理念更适合采光极差的房间。简单的装饰带来舒适感的同时，化解了繁杂的造型带给空间不必要的负担。

5. 厨房与卫生间共用一处采光

厨房与卫生间只有一处共用的采光，会导致两处空间彼此缺乏独立性，卫生间的私密性得不到保障。如果把采光只留给一个空间，又会导致另一处空间的昏暗，所以问题不好解决。

化解办法：厨房对自然光线的需求量更大，而卫生间则更需要私密性。将采光窗口留给厨房是更好的选择。并且，不用担心厨房与卫生间的空气流通问题。厨房通过窗口进行自然的通风，而卫生间通过排气扇可方便地解决问题。

6. 细长的、狭窄的卫生间

卫生间内需要摆放洗手柜、坐便器、浴室柜以及淋浴房或浴缸等，若卫生间细长、狭窄，会导致走动非常困难，甚至都不能摆放下浴缸。

化解办法：在设计中，洗手台柜的摆放应与马桶在同一侧安置，保留出足够的、便捷的流动空间；淋浴间的设计应安置在卫生间的最内侧，而洗手台则越靠近门口越方便人们的使用；马桶安置在中间。这样，卫生间会有统一的视觉感。墙面瓷砖的选择，浅色系高亮度的多起到拓展卫生间视觉的效果。

7. 无法作为休闲区的朝北向阳台

朝北向的阳台，不能接收太阳光的直射，因此无法作为休闲区使用。这时，阳台就失去了本该拥有的作用，不能得到合理的利用。

化解办法：设置成洗衣房的空间是良好的选择。在阳台的一侧安置大理石台面洗衣池，与洗衣机并排摆放，这样方便阳台的下水，而节省出来的空间可设置晾晒衣物。如依然有空闲的空间，可设计储物柜，将阳台空间的利用最大化。

8. 入户门正对卧室门或卫生间门

同时，入户门正对卧室门或卫生间门，会导致空间内的空气流通不顺畅，严重时，卫生间内的异味会飘满整个空间。

化解办法：常见的解决方法是，在入户门处设立玄关隔断，用以阻隔人们的视线；或者，改变室内的墙体格局变化，从而避开将卧室门或卫生间门展露在外面，这是一种效果明显但支出庞大的解决办法。入户玄关的设立，避免了全封闭式设计，但玄关处没有自然光线，会带给人压抑感。半通透的设计方法不仅起到功能上的阻隔视线效果，同样会增添空间的美感，是相比较下较为理想的选择。

新房及二手房的户型装修

新房篇

1. 水电隐蔽工程

打好良好的装修基础，才能拥有长久的、舒适的家居空间。水电隐蔽工程是装修基础的重心。例如，卫生间的防水除了满铺地面之外，墙面的高度越高，越能保证卫生间防水的安全性；厨房间的下水口、阳台间的洗衣池下水口，都是必须做好防水工作的，减少隐患；电线的管道排布，以横平竖直为标准。

小提示

横平竖直的电路管道分布、测试卫生间防水时间的长久，是隐蔽工程的重中之重。

2. 避免多余墙体改动

户型不完美，需要对墙体的拆除与新建进行设计。但并不是通过墙体的拆除与新建，才能得到心仪的家居空间。相反，保留原有的房屋墙体会提升家居空间的安全性，同时可减少大量的装修支出。小面积的墙体改动可以起到对家居空间使用舒适度的帮助作用，并且不会影响房屋的原始结构。

小提示

清楚地知道承重墙体在房屋内的分布，是十分重要的。

3. 选择合适比例家具

喜爱的家具不见得就是家居空间中最适合摆放的家具。应依据新房户型的大小、风格的确定及具体空间的构造选择家具。例如客厅空间，沙发组合的过大与笨重，会令客厅产生拥挤的感觉，且不方便人们的流动与使用；而过大的床具不仅占去本就狭小的卧室空间，衣帽柜的摆放同样受到阻碍。因此，对于新房，抛弃老旧的家具，而重新购买合适比例的家具是更好的选择。

 小提示

家具摆放与新房空间的恰当融合的重要性，是超过对于个别家具的喜爱的。更加理性的装修，会获得更好的回报。

4. 延长使用的软装配饰

风格与设计很难保证持续地走在时代前沿，永不过时。而墙面繁复的、难以更改的造型，不利于家庭装修的时时更新。利用软装配饰家居空间会起到更好的效果，对于新房尤其如此。如精致的布艺窗帘呼应沙发组合，便能使客厅拥有统一的视觉效果。"轻装修，重装饰"的理念下，家居空间可以依据主人的喜好与流行的风格，随时对空间进行改造。

 小提示

少量的墙面造型，搭配大量的软装配饰，空间会产生更良好的艺术效果。

 装修建议

新房装修不能进行的项目

01　不得随意在承重墙上穿洞，拆除连接阳台门窗的墙体，扩大原有门窗尺寸或者另建门窗。连窗门的窗台墙可允许拆除。

02　不得随意增加楼地面静荷载，在室内砌砖或者安装重量大的吊顶，安装大型灯具或吊扇。吊顶应用轻钢龙骨吊顶或铝合金龙骨吊顶及周边木吊顶；吊扇的扇幅直径不得超过1.2米。

03　不得任意刨凿顶板，不经穿管直接埋设电线或者改线。沿顶板底面走向的电线要穿管，不可将电线直接放在顶板凿槽内。已有的暗埋电线不可任意改动。已有的明装电线可改为暗线，但沿墙和沿顶走向的暗线必须穿管。

04　不得破坏或拆除改装厨房和卫浴的地面防水层。

05　不得破坏或拆改给水、排水、采暖、燃气、天然气等配套设施。

06　不得大量使用易燃装饰材料及塑料制品。

07　不得将分体式空调机的外机组装在阳台栏板上。阳台上不允许堆放重物。

08　不得在多孔钢筋混凝土上钻深度大于20毫米的孔。钢射钉不得打到砖砌体上。

二手房篇 ●●●●●

1. 二手房水电改造

旧房子存在的电线老化、违章布线等现象，也可以通过二次装修重新更换、改造。装修前，要仔细了解住宅水电管线的铺设方向、位置和管径，并与装修公司沟通改造方案。最好在装修过程中体现节能的理念，比方说水路的改造，老楼的管线分布缺乏合理性，而且厨房、卫生间的水管局限了位置，一旦更改不仅需要更换大部分管材，而且需要合理分割空间位置，这时一定要选择节能产品，比如节水型龙头和节水型卫浴产品等。

2. 二手房前期布局

二手房装修是一个系统工程，所以装修设计前制订详细的装修计划，十分必要，免得装修过程中增项，或者干一步想一步，没有统筹安排，钱只能越花越多。二手房不同于新房，装修首先要进行拆除工作，但要注意不要把旧的全部砸掉，部分材料是可以再利用的，比如说地板、瓷砖等。前期布局好，可充分利用室内的装修资源，节省不必要的开支。

3. 二手房墙体改造

对于期望通过二次装修改变房子户型的业主来说，墙体改造是最有效的一个手法。如果墙体在结构上实在差强人意，需要拆掉一些墙，将空间重新整合，一定要注意不可拆掉承重墙，改变房屋受力结构，也不可随意在承重墙上打洞或开门，因为这样将带来极其严重的隐患。如果原有墙体较为合理，在二次装修设计时，完全可以用墙面漆、壁纸或壁布，给墙面一张全新的面孔，这样会节省不小的开支。

4. 二手房装修材料选择

二手房家庭装修更强调高性价比。首先，利用原有的地板或者可利用的墙面造型、吊顶设计等，进行二次改造。木地板重新刷漆，墙面造型与吊顶造型重新刷涂料。这样利用了合理的资源的同时，可减少家庭装修费用过多的支出。在新材料的选择上，不是价钱越贵的越好，而是要选择符合家庭需要的高性价比装修材料。这样新老材料的差距不会因过大，而产生空间的不和谐感。

 小提示

选择质量良好的、可重复包装利用的原有材料，进行二次刷漆包装。节省支出的同时，起到良好的装饰效果。

二手房拆除工程五大步骤	
一	拆装饰物和木质品。一般先拆除卧室、客厅内所有的装饰物和木制品，装饰物包括暖气罩、木门、吊柜、吊顶、暗柜、石膏线、踢脚线、灯具等，如果有木地板也要拆除
二	拆除不必要的隔墙。随着隔墙的被拆除，整个空间布局也随之释放出来。基本上隔墙拆除后，就不应该对房间的结构做大的改动了，整个装修的原始空间大致就定型了
三	铲除墙面和顶面涂料。主要铲除墙面和顶面原有的涂料层。铲墙皮要铲到原始面，即水泥墙或毛坯墙面。一般电路布置都会走墙面，在铲除墙面时一定要注意保护墙面上的电路或者电源
四	拆除厨卫地砖。在拆除卫浴和厨房时，先拆除卫浴间和厨房的吊顶和橱柜还有洁具，拆除洁具时要把下水道堵好。拆除墙地砖时，先拆除墙砖，接着再拆除所有地砖。卫浴坐便器最后拆除
五	检查遗漏。当设备、结构、墙面、卫浴间、厨房都拆除完后，要检查遗落部分并清理

 装修解疑

二手房该如何更改户型？

户型的改造，必须要有一个优先次序，哪些情况考虑在前，哪些考虑在后，要有合理地划分。

① **功能分区**：对于诸如增加一个卧室或书房这样的要求，有时候是很迫切和不可避免的。这个时候，空间的增加就必须放在第一位。

② **改善采光**：采光的改善，是健康生活的最基本因素。一个人长期居住在密不透风、暗无天日的房子里面，再健康的人也会变成病人。

③ **优化风格**：漂亮温馨的家居人人都喜欢，但必须结合现实情况。如果家居的功能性都不合理，再漂亮的风格也只是徒有其表而已，毕竟住宅仍旧是人们的基本生活资料，应该以功能为主，因此美化设计最好留在最后进行。

深入调查市场状况

　　考虑装修之前，需要做些准备工作，对于市场与装修公司的充分了解，是对家庭装修有益处的。了解家庭装修中的材料，如家具、瓷砖、地板、墙纸、乳胶漆、电器等，了解装修公司之间的异同与如何选择，这些前期工作是必不可少的，可以减少不必要的资金支出与施工时的麻烦问题。

🔍 不同类型的装修公司

1. 连锁店类装修公司

　　全国各地都有这类装修公司的分店，或者一个城市内便各处分布着这类装修公司，带给人一种公司规模庞大的感觉。其实并不然，很多这类型的装修公司，是属于加盟性质的，挂着相同的公司名字，却各自相互独立。不同的装修公司之间往往拥有不同实力的装修队伍，因此施工质量高低、设计水平好坏均不同，不具备可参考性。不能盲目相信连锁店规模带来的繁荣假象。

　　➕**优点**：公司制度完备，流程清晰。业主会减少许多不必要的麻烦，责任分工更清晰。
　　➖**缺点**：各个公司之间相对独立。不能保证拥有同一水平的施工队伍与设计师队伍，参差不齐的现象明显。

2. 租用写字楼的、小型的装修公司

　　这类型装修公司往往倾向于主动地了解业主。因此，在设计的服务上是贴心的，更注重业主的心理感受。施工队伍往往是老板的朋友。公司构架简单，解决问题随意。设计水平往往因设计师的个人见识受到限制，施工的水平更应当以真实见到的施工户型为标准。在签订施工合同时，一定看好细节，划分好责任，方便施工过程中出现问题协调解决。

　　➕**优点**：公司服务热情，关心业主的每一个问题。施工比较集中，且往往施工质量优秀。
　　➖**缺点**：公司没有明确的管理体系，容易导致后期施工的拖延。设计师水平往往不高。

3. 龙头类型装修公司

有些装修公司属于行业内的龙头企业，拥有庞大的规模与精湛的设计团队。对于施工队伍的管理，有细致的、明确的规章制度，选择这类型的装修公司，令人有放心的感觉，但却受阻于高昂的装修费用（人工与辅材的费用往往超出外面的装修公司许多），与设计师冷漠的服务态度。这类装修公司集结家居展示、施工展示为一体，方便业主对于装修的了解。

➕ **优点**：施工队伍的工作质量高，设计师水平往往不错。科学化的管理，减少业主的装修烦恼。

➖ **缺点**：装修价格高昂，很难依据业主的意愿做事。

4. 设计工作室

这样的装修公司是以设计为主、施工为辅的运营方式。多是些有丰富设计经验的、行业工作时间久的设计师建立的装修公司。设计上，有独到的见解，可以提供符合家庭格局的设计方案，化解户型难题。设计费高昂，适合对设计有高要求的人群。施工队伍可信赖度高，一般是设计师常年合作的施工队伍。因大多数设计工作室不完备的制度，所以审核预算时应细心。

➕ **优点**：丰富的设计经验与设计手法，可以打造业主理想中的住宅空间。

➖ **缺点**：设计费高昂，施工队伍的工作能力难以确定。

5. 一站式装修公司

这类的装修公司不强调设计，而是全部模式化的家居设计。例如，客厅有成品的电视墙、固定的吊顶造型、几种可选择的沙发组合，餐厅、卧室及其他空间都是这种方式。这种运营方式，可以提供给业主更直观的家庭装修效果，实景的展示空间一目了然。但这种方式下，会产生雷同的家居空间，使空间失去设计的灵活性与唯一性，适合对设计要求不高的、希望施工简化的人群。

➕ **优点**：可以直观地感觉到家庭的设计效果，简化的施工方式，减少了业主的烦恼。

➖ **缺点**：千篇一律的设计，缺乏设计的唯一性与灵活性，缺少品味。

🔍 不同类型的市场主材

1. 沙发、餐桌、床等大件家具

户型确定下来后，第一件要做的事，便是观看市场中的大件家具。沙发、餐桌、床、衣帽柜等决定了主要的空间视觉效果，并且在浏览的过程中，可以培养更多的家装知识。通过大量的市场家具对比，可以选择出符合自己心中性价比的家具。但选择家具时，首先应依据自己的户型作出合理地选择，比如过大的沙发组合并不适合较小的客厅空间等。

2. 吊灯、吸顶灯、台灯等照明灯具

通过观察市场上的各种灯具，可以形成一个较全面的灯具知识。这在后期的家居风格

小提示

灯具的选择不是以自己的喜爱为唯一标准，综合空间的风格进行选择是更适宜的。

搭配上有很好的帮助性作用。在心中会形成一个较全面的对于灯具的概念，依据自己心爱的灯具，甚至可以决定出吊顶的样式，这样会令装修空间的整体性更高。但灯具的选择，应以确定下来的空间的整体风格为主，不然会出现风格杂乱的家居空间效果。

3. 瓷砖、木地板等地面材料

这一类装修材料是装修过程中就需要准备好的，因此较早的市场观察是必不可少的，且市场的瓷砖、木地板的种类繁多，质量参差不齐。通过多去几处建材市场，进行对比，会得到更好的、更恰当的选择。其中，瓷砖的尺寸分为 800 毫米 ×800 毫米、600 毫米 ×600 毫米、300 毫米 ×300 毫米等。800 尺寸的地砖更适合较大的客厅，而中等偏小的客厅 600 尺寸的是更好的选择；木地板分为实木地板、复合地板等，实木地板的质感更高，而复合地板拥有良好的坚硬度。

4. 墙纸、乳胶漆等墙面材料

环保性是对墙纸、乳胶漆等墙面材料的关键要求。墙纸的墙面胶是这其中容易忽视

小提示

环保是对墙纸与乳胶漆最关键的要求，购买时注意观察材料的环保等级。

的细节，而大部分影响环境的材料都是出现在墙面胶上的。在家庭装修中，往往不舍得在乳胶漆上投入大量的金钱。其实，选择好的乳胶漆对于家庭的健康是十分有益的，且好的乳胶漆比壁纸的资金投入要少很多。

5. 橱柜、卫浴洁具等成品主材

定制的橱柜组合是符合各种形状的厨房的。而橱柜主要是由台面与柜体两部分组成，台面有大理石与不锈钢的两种选择。大理石台面有美观、品质好的特点；不锈钢台面却更易打扫，坚固度高。实木材质的橱柜门板更显档次，可以提升厨房的整体品位。卫浴洁具的选择主要区别于品牌，一个家庭中的卫浴洁具最好选择同一品牌的同一系列产品，这样的整体性更高。

小提示

定制橱柜的主要区别在门板的材质与台面的材质；而卫浴洁具最好选择同一品牌的同一系列产品。

6. 套装门、推拉门等主材

套装门、推拉门属于易损耗类的主材。因此，套装门的五金合页、推拉门的上下滑轨，都是这其中的重要部分。在选择套装门与推拉门时，应依据空间的整体风格作出选择，应知道，门类主材是空间的辅助性装饰物，而实用性才是门类主材选择的关键要素。套装门有实木门、实木复合门、复合门；推拉门有玻璃推拉门、木制推拉门、折叠门等。

小提示

门类主材的资金投入是可以相对减少的，但门类小五金却需要过硬的质量。

7. 电视、空调等家用电器

家用电器通常是在装修结束后才会进行选购的电器。但常常会遇到这样的问题，装修中期需要知道电视的尺寸、空调的尺寸、冰箱的尺寸，这时便会束手无策。因此，前期的电器选购是必要的，会减少中期装修中的不必要的麻烦。但选购电器时，应依据户型的构造与大小作出合理地选择。例如，客厅的电视依据与沙发的距离选择大小，不适宜选择过大的；冰箱的选择，根据厨房的大小，按照比例选择双开门的或者单开门的等。

8. 装饰画、工艺品等装饰品

配饰类的家居装饰品起到装点空间的作用，是提升装修品位的、必不可少的材料。前期的选购与对比可以带给业主明晰的空间装饰办法，结合后期的装修设计会达到意想不到的效果。装饰画的选择可根据具体的空间分配，做有计划的选购。如对卧室、餐厅、客厅沙发墙、书房等需要摆放挂画的地方做好规划，这样在逛建材城的时候，就不会有眼花缭乱的感觉。

合理制订预算规划

　　住宅装修是家庭中的一件大事，往往要花掉多年的积蓄，甚至有些家庭还要负债装修。因此，住宅装修的费用也自然成了装修中的"焦点"。在装修前如果能够根据装修项目作出合理的预算，不仅可以量力而为，而且在与装修公司谈判的时候可以做到胸有成竹，不至于挨"宰"。

装修预算的四个组成部分

1. 装修部分

一般家庭装修包括：装修公司完成的部分和业主自己购买的部分。

装修公司完成的部分

部分材料费、人工费、机械费、企业管理费、利润、税金。这六方面的内容构成工程总造价，也就是说装修公司收费里面必须要涵盖这些内容，它体现在综合单价里面，或者说报价清单的单价里。

业主自己购买的部分

地面材料、墙面材料、顶面材料；灯具、布艺、五金；厨卫电器、洁具等。

2. 家具部分

现如今，"轻装修、重装饰"的观念已深入人心，家具也就成为家装的重点。合适的家具选择，可以增加房间的装饰效果和使用功能。合理的价位，也是家装总造价不超标的保障。

3. 家电部分

家电行业是一个非常成熟的行业，品牌集中度高，市场价格透明，服务也不错，没有什么后顾之忧。并且，业主们大多具有品牌忠诚度，相对来说选择比较集中，花费也比较容易控制。

4. 装饰部分

装饰部分包括的项目很多，它的花费可多可少。装饰品的选择主要是根据大家的艺术修养来决定的。装饰品尤其是布艺对家居装修后总的效果影响是非常巨大的，色彩协调统一，会使人心旷神怡，而且几分钟就可以使房间变个模样，也就换了一份好心情。因此在这方面一定要下工夫，适当的花费，往往起到事半功倍的效果。

装修费用的计算方式

1. 装修预算中的间接费用

间接费主要包括管理费、实际利润、税金等。间接费是装饰工程为组织设计施工而间接消耗的费用，是业主必须承担的。

管理费	指用于组织和管理施工行为所需要的费用，包括装修公司的日常开销、经营成本、项目负责人员工资、工作人员工资、设计人员工资、辅助人员工资等。目前管理费取费标准按不同装修公司的资质等级来设定，一般为直接费用的 5%~10%
实际利润	装修公司作为商业营利单位的一个必然取费项目，获取计划利润是公司的最终目的，一般为直接费的 5%~8%
税金	直接费、管理费、计划利润总和的 3.4%~3.8%。凡是具有正规发票的装修公司都应有向国家交纳税款的责任和义务

2. 装修预算中的直接费用

直接费包括人工费、材料费、机械费等一切直接反映在装饰装修工程中的费用。通常情况下是以单位面积下的工程量乘以该工程的单位价格所得出的费用数据。

人工费	指装修工人的基本工资及基本生活费用。需要注意的是，并不是所有的木工或油工都是"成手"。如某装修公司为业主指派了四个木工，其中"成手"只有一名，其他三名为一名有经验的木工和二名学徒工，但装修公司的报价中却是按照四个"成手"木工的价格来报给业主，无形中就使业主受到了损失
材料费	指装修工程中用到的各种装饰材料成品、半成品及配套用品费用；机械费是指机械器具的使用、折旧、运输、维修等费用

3. 人工费

每个工人每天的工钱乘以人数和天数，就可以得出人工费的总数。这一项业主可以和装修公司讨价还价。

4. 设计费

有些业主为了省钱，不请设计师，想要省掉设计费，但是却不知道，如若房屋没有好的设计，在施工的过程里很容易发生问题，有问题就要返工，这样反而会花更多的钱，所以选择一个好的设计师十分重要，设计费千万不可以省。在挑选设计师时不要偏信其给你的设计图，因为你又不晓得这是不是他本人设计的，业主可以多和设计师聊聊他的设计观念，以往设计的案例等，从谈话中看设计师是不是合格。

5. 管理费

管理费是装修公司在为业主装修时进场监工、出车、出人协助买料、协调各方面所需的花费，这个费用也是能够和装修公司商量的。

做好装修预算需要做的工作还有不少，这里只是简约列出了一部分做装修预算最根本的环节。广大业主在做装修预算之前，最好多查阅相关资料，多学学装修方面的知识，这样才可以保障自己的装修不仅质量好，还不会多花冤枉钱。

 装修解疑

怎样快速估算装修费用？

方法一

在对所选装修材料的市场价格及各种做法的市场工价有所了解的情况下，对实际工程量进行一些估算，据此算出装修的基本价，以此为基础，再计入一定的材料自然损耗费和装饰单位应得利润。通常材料的综合损耗率可以按在 5% ~ 7%，装饰单位的利润可按 13% 左右估算。

方法二

当对所需装修装饰材料的市场价格已有了解，并已计算出各分项的工程量时，可进一步求出总的材料购置费。然后，再以 7% ~ 9% 的比例计入材料的损耗与用量误差，并按 33% 左右计算单位的毛利收益。最后所得，即为总的装修费用。

常见的预算方法

1. 常见预算报价方法一

对所处的建筑装饰材料市场和施工劳务市场调查了解，制订出材料价格与人工价格之和，再对实际工程量进行估算，从而算出装修的基本价，以此为基础，再计入一定的损耗和装修公司所得利润即可。这种方式中，综合损耗一般设定在 5% ~ 7%，装修公司的利润可设在

10%左右。

例如：对某省会城市装饰材料市场和施工劳务市场调查后了解到，要装修三室两厅两卫约 120 平方米建筑面积的住宅房屋，按中等装修标准，所需材料费约为 50000 元，人工费约为 12000 元，综合损耗费约为 4300 元，装修公司的利润约为 6200 元。以上四组数据相加，约为 72000 元，这即是运用方法一所估算的价格。

这种方法比较普遍。对于业主而言，测算简单，容易上手，可通过对市场考察和周边有过装修经验的人咨询即可得出相关价格。然而根据不同装修方式、不同材料品牌、不同程度的装饰细节，有一定变化，不能一概而论。

2. 常见预算报价方法二

对同等档次已完成的居室装修费用进行调查，所获取到的总价除以每平方米建筑面积，所得出的综合造价再乘以即将装修的建筑面积。

例如：现代中高档居室装修的每平方米综合造价为 1000 元，那么可推知三室两厅两卫约 120 平方米建筑面积的住宅房屋的装修总费用在 120000 元左右。

这种方法可比性很强，不少装修公司在宣传单上印制了多种装修档次价格，都以这种方法按每平方米计量。例如：经济型 400 元 / 平方米；舒适型 600 元 / 平方米；小康型 800 元 / 平方米；豪华型 1200 元 / 平方米等。业主在选择时应注意装饰工程中的配套设施，如五金配件、厨卫洁具、电器设备等是否包含其中，以免上当受骗。

3. 常见预算报价方法三

对所需装饰材料的市场价格进行了解，分项计算工程量，从而求出总的材料构置费，然后再计入材料的损耗、用量误差、装修公司的毛利，最后所得即为总的装修费用。这种方法又称为预制成品核算，一般为装修公司内部的计算方法。

4. 常见预算报价方法四

通过比较细致的调查，对各分项工程的每平方米或每直米的综合造价有所了解，计算其工程量，将工程量乘以综合造价，最后计算出工程直接费、管理费、税金，所得出的最终价格即为装修公司提供给业主的报价。

这种方法是市面上大多数装修公司的首选报价方法，名类齐全，详细丰富，可比性强，同时也成为各公司之间相互竞争的有力法宝。

在拿到这样的报价单时，一定要仔细研究。首先要仔细考察报价单中每一单项的价格和用量是否合理，第二工程项目要齐全，第三尺寸标注要一致，第四材料工艺要写清，第五还应该道明特殊情况的预算。

 装修建议

了解预算猫腻，不上"透支消费"的当

一、虚报量

预算中虚报工程量，这里多一点，那里少一点，汇总起来肯定是多报许多，而业主恰恰缺少工程量计算方面的知识，于是就会落入陷阱。

二、漏项目

报价中故意省去一些必做的装修项目，抓住业主图便宜的心理，先以低价吸引进来，施工中再逐项提出来，让你不得不做，处于"骑虎难下"的境地。

三、玩材料

设计阶段抬高材料价格，或混淆材料品牌、等级等，施工阶段则以次充好、偷梁换柱、吃拿回扣等，家装的整个过程都可能存在"玩材料"的陷阱。

四、换单位

把原本应该按平方米报价的项目改为按米报价，这也是种常见的做法，看起来不起眼，很容易被忽视，而且表面看来单价不高，实际计算时总价却上去了。

装饰装修省钱秘诀

1. 合理的设计方案是省钱的前提

在与设计师充分交流时，他们一般会将室内空间的功能、装饰、家具、用材等都一一标明在施工图上，并根据业主的需求进行修改，直到满意为止，从而避免了在装饰施工过程中边看边做、边想边做的弊病，避免浪费不必要的人力、物力、财力。付设计费所获取的施工图纸必然精致完美，是值得的。

2. 严格审核预算报价单

以上所介绍的四种预算报价方式均可相互调整，互为补充，在与装饰公司协商时，应明确指出他们的欺骗手段，最大程度让每一笔费用都花到实处。

如果没有完整的预算报价，装饰装修的花费就可能造成"虎头蛇尾"或"蛇头龙尾"，前后档次差异较大，不仅造成浪费，还会影响最终的装饰效果。合理正确的预算报价是装修省钱的重要因素。

3. 合理运用装饰材料

在功能性较强、使用频率较高的装饰结构或家具上采用中高档型材，而其他部位则采用经济型型材，做到"画龙点睛"。整套房屋豪华奢靡，既不符合我国国情，也不一定能够达到完美效果。如电视机背景墙，可采用造型结构简单而材料突出的设计方案，简单的结构可降低人工费用，而效果突出的材料也并不一定昂贵。

4. 选择优秀的施工队

高质量施工可提高工作效率、缩短工期，高素质的施工员在取材下料时精打细算，减少了材料的浪费，使损耗降低，业主也因此得益。如果施工人员素质低下，不仅不能达到预期装修效果，甚至还会埋下安全隐患，造成返工，损失和浪费最终由业主承担。

5. 不能忽视局部关键工程

装饰装修工程中的水、电、气等隐蔽工程应选用质量较好的知名品牌产品，虽然差价较大，但使用的数量不多，不会造成总价的大幅攀升。基础隐蔽工程如果出现缺陷，在日后的使用中维修起来就非常麻烦，甚至要破坏外部装饰墙面及家具。

选择合适的设计师

　　找设计师不难，难在如何找到对味，又了解自己需求，施工品质好、价格合理、售后服务又完善的设计师。如果找到合适的设计师，不仅能将空间设计得符合自己的心意，还能将不完善的空间格局做整改。因此找到一个合适的设计师在装修过程中不可小觑。

考虑是否需要找设计师

六种需要找设计师的人　●●●●●

1. 没有时间可自由支配的上班族

　　装修是非常花时间和精力的。在还没装修前，得先搜集包含设计、监工及价格等资料做好功课，一旦工程开始进行，几乎天天都要到工地去监工，还要到处寻找建材及采购家具等。对于朝九晚五的上班族，最好还是找设计师。

2. 完全不具备装修专业知识的人

　　装修其实是一项很专业的工作，如果施工队看不懂你画的图便很难施工，更不要说平面配置。这样的话还是找设计师比较保险。

3. 偏好复杂设计及稀罕建材的人

　　若是偏好特殊的设计，如圆弧形的天花板、室内景观池等，或是喜欢使用稀少或最新颖的建材，找设计师比较合适。

4. 要求高施工品质的人

　　如果对施工品质有极高的要求，最好还是找设计师。专业的设计师对材质及工法都很熟悉，有时施工队做不出来的，设计师可以帮助解决。

5. 喜欢特定风格的人

　　对风格有特殊喜好者，尤其是古典风格的偏好者。相较于现代风，古典风格有其固定的特征及元素，更重要的是比例的掌握，稍一不慎很容易"画虎不成反类犬"。

6. 对设计风格一窍不通者

　　若自己装修，常会将各种风格的家具及设计元素堆放在一起，空间看起来极不协调，因此需要设计师帮助规划设计。

七种需要找设计师的屋况 ●●●●●

1. 房屋太旧

房龄超过二十年，从未进行过任何装修，不仅房屋老旧、白毛丛生，还有严重的漏水问题，包括天花板、地板、壁面及门窗都得更新的老房。

2. 结构有问题

房屋建筑结构有问题，例如，建筑物存在严重的偷工减料、地震造成严重的损伤及采光极度不良等问题。

3. 格局需要大动

现有格局不符合需求，需要做很大幅度的调整，格局变动很大。

4. 使用面积太小或特殊建筑物

特殊建筑物指挑高空间需要做夹层的户型，因为夹层并不属于建筑原始结构，需要做专业的结构计算及规划；另外，房子使用面积太小的房屋，因为空间小更要懂得创造出空间效果。若没有具备相当的专业能力，在空间利用上则很难把握。

5. 房屋问题多

一般房屋最容易出现的问题莫过于梁柱等，若问题不严重，可以用包柱或封天花板来解决，但要是梁柱的问题已经影响到整体空间感，最好还是寻求设计师的帮助。另外，天花板低矮是现代建筑最常出现的问题，尤其挑高楼层的天花板，还有消防洒水头。

6. 室内格局怪异

并不是所有的建筑物都一定是方方正正。例如，多角形、倒三角形等不规则的奇怪格局，这种房型不是一般人可以应付的，最好还是找设计师。

7. 现有格局不符合需求

有的格局不符合新主人的需求，希望再多争取些使用空间。例如三室要变成四室，如何在现有的空间创造实现？这也需要专业设计师给予解决。

🔍 了解找到合适设计师的渠道

1. 通过亲友、同事推荐来找设计师

装修之初，可以跟周围亲友及同事打探一下，看谁近期装修过房子。请他们推荐设计师，并可以到他家去参观，看其设计的理念是否符合自己的心意。如果与自己的装修理念相符，则可以向亲友、同事打听这个设计师的施工品质、设计规划、收费标准及售后服务等问题。

➕**优点**：因为亲友、同事是亲身体验，而且也看得到设计完成后的空间，所以较值得参考。

➖**缺点**：若找的设计师就是自己的亲友，有问题也不好意思反映，反而容易委屈自己。

2. 通过装修类的报刊来找设计师

要了解室内设计师，就一定要看他的作品。现在很多装修类杂志上，都刊登了一些设计师的设计作品，并对该设计师有简单的介绍。如果对其设计的作品合眼缘，则不妨多观察几期，充分了解其作品再决定。

➕**优点**：看得到设计师的作品及设计的理念，可以从中做判断；并且一般能上杂志的设计师大多设计水平较高。

➖**缺点**：杂志上的照片多经过美化；收纳做得好不好或是否实用，较不容易辨别。

3. 通过中介、承包商介绍设计师

中介公司和装修公司常会有配套的室内设计师，可以请他们推荐。但中介和承包商大多会跟设计师收取佣金，他们推荐的是否合适较为难以辨别。最好自己亲自参观所推荐的设计师装修过的房子。如果做不到，也可以请他们介绍认识装修过房子的业主，实地考察设计师的作品和口碑。

➕**优点**：较为省事、省时。

➖**缺点**：因为会收取佣金，很难客观介绍。

4. 通过实品、样品房参观来找设计师

若买的房子是现房，多半有实品房及样板房可以参观。有些房地产开发公司为了吸引购房者，会一次装修4~5套房子，让业主连装修一起买。因为是一次装修多户，装修费用会比较便宜。但也因为装修是为了卖房子，所以装修不一定符合业主的实际需求。

➕**优点**：对空间格局较为了解，且装修费用也较为便宜。

➖**缺点**：风格不能自主选择，且施工品质需要经过确认。

5. 通过网络来找设计师

网络市场的兴起，也让找设计师多了一个让更多业主找到自己的渠道。而对于业主来说，找到设计师也更加的便捷，只要坐在电脑前，就可以看到设计师的作品，而且一次可以看很多案例。有些设计师还有博客，不仅可以看到作品，还可以了解每个案例的心情故事及设计理念。

➕**优点**：省时、省力，只要有台电脑就可以。

➖**缺点**：网络毕竟是个虚拟世界，真实度还要经过进一步确认。

装修解疑

"免费设计"真的免费吗?

作为一种促销手段，很多家装公司提出为客户提供"免费设计"，并逐渐成为一种行业惯例，因此在大部分业主头脑中也形成了家装设计不收费的概念。其实即使是家装业内人士也认为，目前大多数的家装设计师充其量只能算是会画图的业务员而已。据了解，目前大多数设计师的收入是根据设计师每接一个家装工程产值的 2%~3% 收取提成，设计的工程越多，提成也就越多，设计师的收入也会随之增加。在这种情况下，设计师为了增加收入，无疑会多接单，一个设计师通常在一个月内同时接 6~8 单甚至更多，由于设计师的精力是有限的，每一个设计都会被设计师压缩在最短的时间内完成，因此粗制滥造是不可避免的。

装修建议

学会与设计师沟通

初期选择设计师，一定要学会沟通，比如拿着图纸将自己的大概想法告诉他，然后听设计师结合其经验在你的考虑上进行二次创作，看他能否在短时间内看出新房的空间弊端，并给予解决办法，能否在全面考虑的情况下为业主节省开支。

了解设计师的工作平台

1. 个人工作室

通常只有设计师一个人，最多加个助理。所以设计师从设计、施工、行政财务到客服都要自己来。一般年轻设计师开始创业都是以个人工作室起家，但也有些资深设计师坚持以个人工作室模式服务业主，绝不依赖他人，每年只固定接几个案例，以确保服务品质。

➕优点： 若是刚创业的个人工作室，因为只有一个人，服务成本较低，所以在设计费与施工费的收取上会有弹性；若是知名个人工作室，则收费通常较高，从头到尾都是设计师一个人负责。

➖缺点： 工作量较少，工程及材质的成本通常会较高。因为是个人工作室，万一发生纠纷有可能人去楼空。

2. 专业设计工作室

当然这类的主设计师具有多年的设计经验，并且一般都是行业内较有名气的设计师自己出来开的设计工作室，因此在设计水平上有较高水准。但不同于装修公司的是，专业设计工作室并没有装修公司一样成制度的管理模式。

➕优点： 收费有弹性，不过也视设计师个人知名度而定，知名度较高的设计师，没有一定的装修预算不承接，因为多由知名设计师负责设计，设计品质较高。

➖缺点： 若业务量超过能力，易造成工期拖延。

我就是专业人员，您听我的准设错……

3. 中小型装修公司

公司人数多在 6~20 人不等，人数越多的公司，部门的编制也较为完整，而且设计部门不会只有一位设计师。有越来越多的设计公司认为设计是服务行业，还会成立专门的客服部，专门处理售后服务的相关事宜。

⊕ 优点：编制完整，人力也较为充足，不怕找不到人，因为接活量多，成本相对也较低。

⊖ 缺点：因为不只有一位设计师或工务，若主持设计师或负责人管理不当，很容易发生品质参差不齐的状况。

4. 大型装修公司

不止一家设计公司，会按装修预算的不同而有不同的设计公司对应服务，部门编制完整，有统一的行政财务与客服，还有专门的采购部门，负责建材及家具、家饰的采购。

⊕ 优点：资源多、人力充足，设计风格也较为多元。服务较为周到，工程量多可以控制低廉的成本，经验也较为丰富。

⊖ 缺点：若设计师或负责人管理不当，很容易发生质量参差不齐的情况。

 装修建议

了解设计师资料

了解其学历结构

现今装修公司的全职设计师基本达到大专学历，正向普及本科迈进。而知名装修公司，尤其是全国连锁甚至跨国经营的大型公司则聘有硕士及博士生，设计能力较强，经验丰富。但有不少小型的加盟装修公司为节约经营成本，聘用电脑培训班的操作员作为设计师，知识结构单一，经验短缺，损害了业主的实际利益。

了解其专业背景

设计师专业出身有建筑学、室内设计、环境艺术设计、装潢设计等多种专业。也有其他专业的学生，如计算机、多媒体信息等，毕业后转入装饰行业的，门类参差不齐。大型装饰公司的操作方式一般是将两至三名不同专业背景的设计师组成设计小组，承接某一户型的设计创意方案，从各层次、各角度合理分配各设计师的优势。

了解其工作经验

工作经验是设计师个人能力塑造和工作年限的积累，因为利用书本的知识做设计远不如根据实际经验做设计更实用。

了解其成功案例

省会及以上的大中城市每年都会举办装饰设计比赛。若该设计师能参加并获得奖项，则比较值得信赖。

设计师的工作内容及收费方式

设计师的工作内容

1. 纯做空间设计

通常只收设计费,在确定平面图后,就要开始签约付费,多半分两次付清。设计师必须要给业主全部的图纸。包含平面图、立面图及各项工程的施工图(包含水电管路图、柜体细部图、天花板图、地面图、空调图等超过数十张以上的图)。此外,设计师还有义务帮助业主跟工程公司或施工队解释图纸,若所画的图无法施工,也要协助修改解决。

2. 设计连同监工

设计师不单负责空间设计,还必须帮业主监工。所以设计师除了要出设计图及解说图外,还必须负责监工,定时跟业主汇报工程进展情况(汇报时间由双方议定),并解决施工过程中所遇到的问题,付费方式多为2~3次付清。

3. 从设计、监工到验收

一般设计师较喜欢接的工程就是从设计、监工到施工。因为设计出来的效果最能符合当初的设计,而且施工队因常与设计师合作,比较了解设计师的设计手法。所以,设计师不仅要出所有的设计图,还必须帮业主监工,并安排工程、确定工种及工时,连同材质的挑选、解决工程中的各种问题,完工后还要负责验收工作及日后的保修。保修期通常是一年,内容则依双方的合同约定。付费方式:签约付第一次费用,施工后按施工进度收款,最后会有10%~15%的尾款留至验收完成时付清。

设计师的服务流程 ●●●●●

第一步	第六步
现场勘察及丈量空间尺寸	签订工程合同
第二步	**第七步**
平面规则及预算评估	确定施工日期及各项工程工期
第三步	**第八步**
签订设计合同	工程施工及监工
第四步	**第九步**
进行施工图设计，并确认工程内容及细节	完工验收
第五步	**第十步**
确认工程估价（数量、材料、施工方法）	维修及保修

设计师的收费方式及内容

项目	收费方式	备注
设计费	按面积计算，一平方米 100~1000 元不等。按一室来算，不管面积大小，费用从几千元到几万元不等。按装修总金额来计算，为 10%~20%	价格高低与设计师的知名度有关。知名度越高，收费越高；若工程也是交由设计师打包执行，有些设计师会将设计费打折，具体不定，从 5 折到 9 折不等
工程费	按实际施工的工种及工时来计算	由于每个设计师找的施工队不同，师傅的技术也不同，有些木工会比较费，有些则是水工、电工较高，很难作单项的比较，重要的还是总金额是否符合业主的预算，还有呈现的工程品质是否符合价值
监工费	监工费一般占工程总金额的 5%~10%。有些设计师会将设计费与工程费合并收取，每个人的计费方式不同	由设计师在施工期间代为监工，必须支付费用，若工程有问题，设计师要全权负责解决

选对有品质的施工队

当设计方案确定下来之后，需要施工将完美的方案呈现出来，这时优秀的施工队就显得尤为重要。选择优秀的施工队需要掌握要点。不能听信施工队的言辞，应多看几处施工队正在工作的工地。多关注施工现场的细节，往往越注重细节的施工队，施工质量越好。

几种途径找对施工队

1. 亲戚朋友的介绍

一直以来，这个渠道承担着找施工队的主要渠道。这种渠道的优点是明显的，如新近刚装修完的业主，因为感觉给自己装修的施工队，无论做工还是质量乃至造价都比较不错，所以就推荐给自己周围的人。通常，有了前面成功的实例，选择同一家队伍一般都不会有什么大问题。因为给亲戚朋友推荐装修之前，他们已经考察了施工队的诸如能力、信誉等情况，再加上有实际的装修实例作说明，选同一家施工队一般还是比较稳妥的。这样一来，便免去了东奔西跑的辛苦。

2. 建材市场

去建材市场寻找施工队，是业主最常用的方法。通常在业主购买大量施工材料的店铺，会有店主人介绍施工队给业主。这样业主便免去了寻找施工队的麻烦，但在店主人的介绍下，业主应当多去观察几处施工队正在施工的工地，通过现场的实际了解，确定是否与施工队合作。一般的，卖瓷砖、地板、木工材料的店主会热情地向业主介绍施工队。

3. 装修公司

在市场上充斥大量装修公司的情况下，工作繁忙的业主常常会将设计与施工一同交由装修公司负责。这样的做法，对业主来说是便捷的，会省去很多的时间。并且，设计与施工交由一家装修公司负责，可以令设计与施工进行更合适地衔接，毕竟一家装修公司内的设计师与施工队是更加了解的。但也有弊端，例如，不能通过考察施工队的施工质量，而进行选择。通常是装修公司内定的施工队伍，或者和设计师长久合作的施工队。因此，业主选择装修公司时，更应当注重公司内施工队的施工质量。

施工过程中常见的计价单位说明

项目	收费方式	备注
才	1才=30.3厘米×30.3厘米=918.09平方厘米=0.092平方米	（1）用在木工工程量里，如衣柜、书柜等计量单位。 （2）橱柜的油漆计价（包括特殊油漆，如烤漆）。 （3）铝窗的计价单位。 （4）少部分会运用在瓷砖的计价上
平	1平=10000平方厘米，有的估价单会简写成英文字的"P"	（1）地板的计价单位，如木地板或地砖。 （2）壁面建材的计价单位，如瓷砖。 （3）壁面油漆的计价单位。 （4）地板的拆除工程计价，如木地板或地砖。 （5）天花板工程的计价单位
片	60厘米×60厘米=3600平方厘米=0.36平 80厘米×80厘米=6400平方厘米=0.64平	大理石或特殊瓷砖的计价单位
支	1支单位=（1.75尺×33尺）/36=0.147平 如以米计算=（0.53米×9.99米）/36=0.147平	壁纸的计价单位
盏		灯具的计价单位
尺	1尺=33.333厘米=0.333米	（1）木作柜体的计价单位。 （2）玻璃工程的计价单位，如玻璃隔间、玻璃拉门。 （3）组合家具的计价单位
口		（1）部分泥作工程，如空调冷媒管及排水管洗孔的计价单位。 （2）水电工程之开关及灯具配线出线口的计价单位
组		水电工程的计价单位
樘	类似"1组"的概念	（1）门窗的拆除工程计价单位。 （2）门或窗的计价单位
车	类似"1组"的概念	（1）拆除工程的运送费。 （2）清理工程的运送费
码	1码=36英寸=91.4402厘米	窗帘及家饰布料的计价方式
式	"1式"的计算方式很模糊，一些比较难估算的项目可用"1式"带过，因此建议最好附图说明	几乎所有的工程都可以用

自己装修施工的八堂课

1. 熟悉装修工程流程

装修工程有一定的作业流程，若不了解则会造成施工困难，或是拆掉、修改等不必要的浪费。一般而言，"先拆除后建设"是最大的原则，从敲墙、清除原有不需要的东西等工程开始，再来做水电配管工程，木工、泥作、钢铝、空调等工程再搭配进场，最后是油漆、窗帘及家具进入。

2. 认识各工种师傅并建立工队联络网

一套房子的装修，包含很多项工程，如木作、泥作、水电、油漆、窗帘、空调等。所以在装修前，必须先了解哪些工程要找哪些工人，以免找错人，白费时间和精力。

最好看过工队完成作品再决定：工人水平良莠不齐，不管所找的工人是亲朋好友还是朋友介绍，最好看一下他们做过的工程，并了解有无营业执照等，了解装修师傅，免得遇到恶劣工人，不但没省钱，反而造成更多的麻烦。

建立各种工匠的联络网：如果能够建立工队的联络网，势必能够达到事半功倍的效果。工队联络网诚如其名，不仅是纵的方面要能够跟各个工队保持畅通的联络，随时掌握情况；横的方面，就是各个工队，只要是施工上需要配合的工种，其工队之间都有彼此的联系方式及电话，这是最高效的合作方式，一星期不用去现场几次，只要在家靠电话就可以轻轻松松完成难度很高的任务。

3. 做好整体规划

自己打包与委托设计师的重要差别，在于自己得先做好整体规划。包括格局配置、动线安排、色彩、光源、水电管路、材料的运用搭配等，装修师傅完全按照你的指示施工，而且是各做各的工程部分，中间过程的统一与协调，就靠自己事先的整体规划来完成。

按不同预算决定装修内容：在预算的拿捏上，最先考虑的是自身的经济状况，建议将预算花在必要的项目上，多出的部分花在美化与装饰上。若是有较充足的预算，就必须考虑预算要如何设定以及分配。做工越复杂精细，预算就要越高。

以重视的功能决定预算分配：至于预算分配的高低可根据自己所重视的功能而定。例如，一个重视卫浴享受的人，就可以选择自动感应免冲马桶、按摩浴缸、烤箱、蒸汽室、五合一暖干机等，如此一来，预算的分配，就要做一番调整。

空间使用的比例与动线规划：在全面空间改造之前，必须先清楚地考虑到空间使用上的比例，这关系到各个空间的空间感与使用便利。而这需要经过观察，按照其生活习惯所配置，牵涉一天 24 小时各空间所使用的频率和时间，以及一般时段与节假日差异的估算。

4. 收集资料

大部分的业主对于各类装修工程的施工比较陌生，因此，要了解各种工程的施工方式以及价格，最重要的方法就是多做比较。

货比三家不吃亏：同一种工程只要找两三个施工队，就可以了解施工方法以及大致的价格。而且问过第一家之后，再跟第二家打交道就可以运用从第一家那所得来的信息，等到第三家时，你已经是行家了。不过，不同的施工方式有不同的价格，通常越费工或是费料的施工方式价格就越高。

多看家居设计杂志参考：另外装修师傅所拥有的装修经验，例如对某些柜体的尺寸有疑问时，可以采纳师傅们的意见。但是师傅最大的问题，就是缺乏美感，因此对于设计及美感的要求，就必须靠自己。多看市面上的家居设计类杂志，看到喜欢的就随手剪下来并贴起来，在进行造型与色彩、材料的搭配时，直接拿出杂志上的图片，讲给师傅听，才不会导致做出来的东西和想象的不一致。

5. 多认识建材

自己打包当然得先对建材有一定的认识，这样一来，和师傅才会有沟通的话题。不仅可以相互切磋，也不会被师傅唬住。对建材的认识，除了通过街面书店里的资料外，最好要到建材市场走走，实际了解建材的区别与使用，这样在施工时才能了解师傅做的对不对，有没有偷工减料等。

6. 两种施工的打包方式

自己打包基本上有两种方式。一是"连工带料"，二是"包工不带料"。现在先来了解一下两者的差异，再决定适合自己的方式。

连工带料，省时又省事："连工带料"是最常见的打包模式，特点是工程繁琐、材料众多，如果不是很熟悉，就会搞得焦头烂额，若是找到可靠的包工头，请他们注明何种材料，既可省去繁琐的事，也可兼顾品质的保证。

包工不带料，品质有保证：直接找包工就是为了省钱，而"包工不带料"最节省预算，记得"货比三家不吃亏"的原则，及"以天计资"的包工方式，绝对可以帮你省下不少于三成的装修费用。

7. 与师傅的沟通

这一点十分重要。因为如果你无法把你的想法跟师傅沟通，也就无法将你想要的东西呈现在你家里；若感觉口述会有误差，最保险的做法是，找到照片给师傅看，将你喜爱的风格、款式、颜色、材料等一并呈现。

一定要打破砂锅问到底：所有的工序都有它可以偷工减料的方式，但还是有迹可循，例如厕所墙壁贴瓷砖，当原墙壁拆除时，有些人只将壁面瓷砖剔除，而不是拆除至红砖表层，如此一来就省去拆除的费用以及壁面打底的费用，但瓷砖贴起来会不平，而且室内面积感觉会小了。所以，不拆至红砖会导致再贴上去会更厚，不打底则会导致瓷砖不平，这就是它的合理性。遇到这种问题，不妨先问清楚再施工。

一定要搞好关系：其实每个工匠都希望能听到赞美，而非批评，这样才会越做越起劲。适时的赞美，以及时常提供一些饮料、点心等小恩惠，对施工队师傅来说，心情当然会很好，也会由心地想帮你做得更好。这可比努力去监工或验收更有效，甚至在一些你注意不到的小地方，他都会用心帮你去做处理。

勤做笔记：方便逐步验收。其实施工队最大的问题，在于从最初开始洽谈，一般都没有签订合同，尤其是局部工程，因此往往在验收时，问题就很多。建议不妨一开始就用心地将施工队所作的承诺一一记下，在施工过程中再按工程进度逐步验收，以确保工程质量能达到所期望的。

刚柔并济，法外施恩：在施工过程中难免会有一些小小的过失，这时就要根据业主的接受程度来加以判断，其过失是否为可接受或是需要立即修改的。如果不影响整体结构，并且对外表美观方面影响不大，这时就可以略施小惠让施工队过关。然后在重点处予以严格要求，尽量不伤和气，使得施工过程较为顺畅，也不用担心施工队在施工时暗中进行报复，否则造成的损失将会更大。

8. 确定施工天数

为避免施工的时间太长而造成不必要的困扰，通常需要与包工头确定工程的天数，并尽量使施工队在确定的天数内完成既定的工作。事实上工程天数是可以压缩的，一般而言，较有经验的工头，常会把不同工种的工班，将其施工的日期加以重叠，由于其性质不同且不会相互影响，说不定还可以互相配合，这样便可以达到最省时省力的效果。

了解签订合同中的猫腻

装修合同的内容庞杂，涉及的工序、材料繁多，因此装修合同中很容易隐藏一些猫腻。了解合同中可能出现猫腻的地方，并且有针对性地去解决，显得尤为重要。比如合同中将一项拆分成几个不同的项写进预算，看似每一项的单价下降了，却不知猫腻早已隐藏在细分的项目中。

变更材料藏猫腻

1. 不标明砂浆、水泥品牌

在辅料的预算中，业主往往会忽视细节，不去关注每一项材料后面的备注说明，却不知猫腻已经隐藏在材料备注中。砂浆、水泥是房屋装修中重要的地面材料，水泥质量的好坏直接决定了地砖铺贴的牢固度，而且好的砂浆、水泥可以令地砖更好地展现坚固。业主应注意，在预算备注中砂浆、水泥的品牌明细，有必要上网查阅品牌的真伪。且在施工中一定要检查进场的水泥是否同预算中标记的一样。

 小提示

> 在砂浆、水泥进场时，应进行品牌的核对，看其是否与预算中标记品牌保持一致。

2. 异味严重的木工板材

业主常常以为甲醛等有害气体，是产生在大件家具与建材中的。却忽略了房屋装修中，使用面积最大、用料最多的石膏板与木工板。这些材料是隐藏在吊顶或墙面造型中的，所以容易忽视木工板材的重要性。首先，

在签订预算之前，业主应明确哪种石膏板与木工板的品牌是可信任的，然后在预算中仔细审查。装修公司常常利用业主的粗心，在材料备注中做手脚。所以确定好品牌与进场时进行核对是很重要的。

小提示

> 清楚地知道哪几种木工板材品牌是可信任的，而哪几种木工板材品牌是含有有害物质的。

> 这个合同您就放心签吧！绝对没问题……

3. 真假乳胶漆

乳胶漆几乎是家家都明了的装修材料，且都有一定程度的了解，以为在预算中看得清楚便不会出现问题。有的装修公司利用业主的这一点心理做手脚，在实际装修中，装修工人带进现场的乳胶漆是符合预算中标记的品牌的，这是给业主看的障眼法。在业主离开后，装修工人会按照工长的建议，偷换乳胶漆品牌，使用一些廉价的、劣质的滚涂，达到以次充好的目的。这是业主应当注意的，质量差的乳胶漆，滚涂在墙面后，会令室内产生难闻的味道，业主可根据这点来辨别。

 装修解疑

装修合同容易出现哪些漏洞?

日期

合同中必须写明装修的具体要求和完工日期。有的业主在签订合同时，没有注意这两点，给某些装修公司粗制滥造和拖延工期"创造"了条件。

品牌型号

在合同中必须注明使用的装饰材料的具体品牌或型号，以防装修公司在其中做手脚。

附件

如果业主在工程进行中，对某些装修项目有所增减，就一定要填写相关的"工程洽商单"，并作为合同的附件汇入装修合同书。

保修

合同中有关保修的条文是必不可少，而且要分清责任。如果属于施工或材料的质量问题，装修公司应承担全部责任；如果属于业主使用不当，双方可协商处理。

4. 假冒伪劣的水电管线

在隐蔽工程中，最重要的当属水电工程的材料。如冷热水管、三通、电线、穿线管等，在铺设中要隐藏在地砖或者墙面漆之下，铺设完成就不易更换，所以安全性尤为重要。在装修公司的预算中，一般在备注中有明确的水电管线品牌标注。但问题不在预算中，却发生在进场的材料中，有假冒伪劣的情况。因此，业主应对水电管线知识有一定的了解，防止被骗。

5. 五金材料不过关

五金件属于家庭装修中用量少，但却十分重要的材料。五金件包括对丝弯头、防漏阀、球阀、八字阀、直通阀、普通地漏等，它们在装修中起着重要的作用。如地漏的质量较差，卫生间或厨房就会产生难闻的异味，并且难以去除。在装修预算中，往往不标注五金件的品牌与材质，然后用质量差的、价钱便宜的以次充好，这方面应注意。

小提示

若预算中可以去除五金件这一项，业主自行购买会更加保险，可以保证材料的质量。

装修解疑

怎样避免装修公司在装修材料上的掉包？

装修公司在报价单上所指明的品牌材料与现场施工所采用的材料完全不符，或者在业主验收材料时以优质材料充当门面，实际施工时却不然，这些方式手法繁多，也是装修公司的惯用伎俩。

比如，预算报价单上标明的是天然黑胡桃饰面板，每张98元，而在施工中所采用的却是30元左右的人造饰面板，虽然外观一致，但经过长期使用后会发现褪色变质等问题；又如，在预算报价单中标明的是国标优质昆仑牌电线，而实际施工中擅自使用非国标的劣质电线，等到业主发现时，所有电线已入墙入板，若执意验证，只有将装修好的部位全部拆除。

装修公司会在预算中报告中会虚增哪些费用？

在预算书的最后，会有一些诸如"机械磨损费"、"现场管理费"、"税费"和"利润"等项目，这些项目其实都属于不合理收费。"机械磨损"是装修中必然发生的，"现场管理"则是装修公司应该做到的，这两项费用其实都已经摊入到每项工程中，不应该再向业主索取。而根据"谁经营、谁纳税"的原则，装修公司的税费更不该由业主缴纳。将"利润"单独计算，是以前公共建筑装修报价的计算方式。目前装修公司已经把利润摊入每项施工中，因此不应该重复计算。

6. 瓷砖品牌不可靠

在装修公司的预算中，瓷砖的品牌常常是指定的，只有一个品牌可以选择，而且可选择品牌也很少听说。在业主犹豫瓷砖质量的时候，设计师还会在一旁灌输瓷砖的质量如何的好。这时业主应当注意，理性思考是很重要的，没有听说过的瓷砖品牌，质量也难得到保证。因此只要业主时刻保持理性的、清晰的思考，便不会上装修公司一言堂的当。

 小提示

没有听说过的瓷砖品牌往往是不可靠的，不能听信设计师的一家之言。

7. 实木地板没保障

在装修预算中，设计师会因为预算总价的高昂，而改换材料的档次与品牌。地板是其中最常见的例子，实木地板的质量好，价钱相应地也高。设计师会将实木地板改换成实木复合地板，声称实木复合地板的坚固度更好。这是业主应当注意，设计师的说法过于片面，而地板还是全实木的更好，尤其在预算中，业主应当注意实木地板的品牌与档次，避免装修公司的猫腻行为。

 小提示

选择实木地板时，应注意地板的档次与型号。当然，品牌好的实木地板，质量也是好的。

 装修解疑

装修公司的"先施工，后付款"可信吗？

现在不少装修公司提出"先施工，后付款"的口号，目的就在于让业主觉得放心、划算，承诺让业主看质量签合同，然后一旦签订装修合同后，就发现出现装修公司频繁改设计、加项目、变工艺、加费用等情况，如果装修款项增加不到位，则又会肆意停工，耽误业主时间。如果业主终止合同，另外寻求其他施工单位，则前期的工程与后续工程不相结合会造成施工难度增加，后续施工单位也会以此为借口增加各种施工费用，这样就会陷入到恶性循环。

装修公司是如何在预算中增加猫腻的？

无论是设计师还是装修公司，出于盈利的本能，都会在最初的报价上列出一些可要可不要的项目。这时业主需要仔细考量，删去可有可无的项目，节省开支，但也不是所有项目都能省去，与装修公司谈合同时，业主事先要做到心中有数。一般正规装修企业的毛利率占工程总造价的10%~20%。有的业主将公司的管理费砍至工程总造价的5%，为了保持合理利润，装修公司就会克扣各项费用。

细化人工暗加价

1. 水电人工费

水电人工费是装修预算中的一处大项，通常是在预算明细的后半段紧挨着工程管理费。而且，水电费用的计算也是以预估的方式，在一项列表中标记一个总价。这种预算方式因为不明细，常常出现问题，也是业主与装修公司发生纠纷最常见的地方。因此，在实际进场施工中，在设计师与业主划定水电的具体布置中，可按照水电的米数单价，进行实际测量，这样便会得到准确的水电人工费。

 小提示

装修公司为了多赚钱，会故意增加水电量计算的长度，业主需要在现场确认。

2. 瓷砖铺贴人工费

看似平常、普通的瓷砖铺贴人工费，却常常容易令业主与装修公司产生纠纷。客厅贴地砖的价钱与卫生间贴地砖的价钱是不一致的，同一空间内贴地砖的大小变化也会导致价钱不一等等，业主之所以感觉不公平，装修公司能在其中做手脚，原因都在人工的备注中。有些装修公司含糊其辞，利用业主的无知，故意抬高贴瓷砖的价格，却不在备注中解释清楚原因，令业主白白受骗。

 小提示

在签订预算前，业主应当了解铺贴瓷砖的市场行情与价钱，可以避免装修公司的欺骗行为。

3. 吊顶木工人工费

现在的装修预算中，已经细化到吊顶的部分。因弧形吊顶、异形吊顶、叠级吊顶、拱顶等造型的区别，而分别制定人工价格，且单价也改成按照面积计算。这就给有些装修公司在预算中暗藏猫腻的机会，如在异形吊顶与拱顶的单价上，虚抬价格，欺骗业主；如装修公司在测量吊顶面积时，暗自增加吊顶的面积等。业主很难发现这些猫腻，也很难辨认出装修公司的欺骗行为。

 小提示

在与装修公司签订预算前，应与设计师仔细核实吊顶的实际施工面积，避免上当。

4. 墙面造型人工费

墙面装饰造型是家庭装修中必备的，但依据不同材质的墙面造型，人工费用也会不同。如墙面铺贴大理石的人工费是按照贴瓷砖的费用计算的；墙面的木作造型是按照木工的人工费计算的等，这些是容易区分与明了的人工费。问题发生在墙面造型涉及大理石、木作、镜面等混合材质时，不明确的计算费用常常会欺骗到业主。装修公司将这一项按照一个整体的价钱来计算，看似简单，却暗藏猫腻。

5. 乳胶漆滚涂人工费

墙面滚涂乳胶漆是家庭装修中，是在水电路安装、瓷砖铺贴、木工制作之后的工序，相比较前面的几道工序，是相对简单的、明确的工作。这往往会令业主忽视滚涂乳胶漆人工费中的猫腻，装修公司利用业主的放松心理，在人工费用的计算当中，故意增加乳胶漆的滚涂面积，而且出现重复的项目。因此，业主在预算的审核中，应仔细核对乳胶漆的项目。

6. 墙纸粘贴人工费

墙纸越来越成为家庭装修中常用的材料，而墙纸一般分两种情况出现在预算中。第一种是装修公司墙纸、墙纸胶、铺贴人工等全包，第二种是墙纸外包，业主需要自行购买。猫腻就发生在这里，购买墙纸的地方是提供人工安装的，而装修公司又常常将铺贴壁纸的人工费算在预算中，这时业主就要多承担一处的人工费。因此，在业主决定自己购买壁纸，还是包给公司购买时，一定要注意人工费的计算是否重复。

7. 制作柜体人工费

主卧室、次卧室需要衣帽柜，书房需要书柜与书桌，餐厅需要餐边柜，这些柜体都是需要人工制作的。然而预算中的猫腻又出现在哪里呢？在于制作柜体的费用算法不同，现在的装修公司中，会将柜体的制作拆分成面积，即安装板材的面积计算人工量。这看似是合理的，却在无形中让业主多承担了许多费用。因柜体的面积无法测量，业主也就很难发现其中的猫腻。

小提示

在柜体制作中，严格把控木板的环保性是必要的。如果可以购买成品的家具，那将是更美观的。

8. 墙体拆除与砌筑人工

装修公司会利用业主不懂的心理，在拆除墙体时，故意将薄墙体算到厚墙体的拆除当中。繁杂的预算表中，业主若忽略这一点，便给了装修公司做猫腻的空隙。因此业主在审核预算时，遇到墙体拆除与砌筑价钱高昂的时候，应当参照文字中所讲出的，去审查预算，避免受装修公司的欺骗。

小提示

细致的观察墙体拆除项目的面积及薄厚区分，避免多花冤枉钱。

 装修解疑

怎样预防装修公司在预算报价中偷工减料？

同一个装修方案，不同的装修公司在报价上都会有很大的差别，原因在于预算报价单的"偷工减料"。要看报价单中是否存在这一问题，最简单的办法就是查看报价单是否在"价格说明"以外，还有"材料结构和制造安装工艺标准"，这些被某些装修公司刻意减去的内容，往往隐含着不小的陷阱。

比如，以装修中最常见的衣柜制造项目为例，目前市场报价包工包料最高价为每平方米一千多元，最低价为几百元。差价有如此之多，其原因就在于制造工艺与使用材料的不同。

有使用合资板，有使用进口板，在进口板中又分为中国台湾板、马来西亚板和印度尼西亚板。此外，夹板中又有夹层板和木芯板之分，两者又有较大的价格差别。如果忽视制造工艺技术标准，没有弄清该衣柜是用9厘、12厘、15厘板结构和使用什么品牌的油漆、油几遍油漆等，是不能弄清真实价格的。

装修公司的猫腻

1. 预算中以虚假面积抬高总价

有些装修公司在做预算时，人为地把数量很大的项目少报，这样就会把总价压下去，使预算看上去非常诱人。等到实际装修工程中，发现按照预算工程量根本无法进行，此时装修公司就可以堂而皇之地按照工程量的变动增加费用，最终总的装修费用还是上去了，甚至更高。

2. 预算中容易出现的文字游戏

一些家装公司利用业主装修心切，在签协议时，故意使用一些模棱两可的词语。比如在合同条款中注明：当装修中如原品牌材料没货时，乙方可临时更换相同型号的材料。"同"是同质量的，还是同类材料的，却没有写明。这样，家装公司很可能就会理直气壮地以价低、质差的材料代替。

3. 报价单材料规格中做手脚

一份详细的装修工程报价单，应将使用材料的品牌、规格、单位、单价、数量，合计余额全部列清，而有些装修公司只把品牌、单价及合计金额列出，规格和数量忽略不计，更多的时候，装修公司不写清规格。有些材料规格不同，价格差异很大，如不写清此项，将来装修公司购买材料时，便可以轻易做手脚。

4. 报价单损耗量上做手脚

施工中材料会发生损耗，所以购料中要在实际用量中加入损耗部分。在报价中，这部分数量是含在单价里。在有些报价单中，材料总额又另加上 10% 损耗费，实际上是重复计费。业主应对此有所了解。另外，任何工程基本损耗不会超过 10%，如果发现超过此比例，应请装修公司给予合理解释。

5. 报价单施工工艺上做手脚

装修报价单上，有些施工项目有几种或更多施工做法，其做法不同，价格自然也有很大差异。如果只写贴瓷砖多少钱、刷涂料多少钱，这样太含糊其辞。不同的施工工艺所涉及的主料、辅料的种类和数量会有所不同。不写明施工工艺，一方面在价格上，会有伸缩余地，装修公司有可能按这种施工工艺收钱，却用其他简单做法；另一方面，在施工过程中，也就没有监督施工的依据。

6. 装修公司利用单位变换影响预算

巧妙转换材料计量单位，是装修公司赚取利润最常用、最隐蔽的手法。通常，材料市场的材料价格都是按照多少钱一桶（一组）、多少钱一张等计量单位来出售的。而装修公司向业主出示的报价单，很多主材都是按照每平方米、每米来报价的，如涂料、板材等，因此业主根本就不清楚究竟会用多少装修材料、究竟用掉了多少装修材料。

 装修解疑

怎样处理装修中"特殊情况"的费用？

在家装的施工过程中，难免会出现一些特殊的施工情况，或者是装修家庭提出一些特殊的装修要求。"特殊情况"就是意想不到的事情，这些事情往往会增加装修成本。因此，在装修前就应该充分了解装修中可能出现的"特殊情况"，并针对这些"特殊情况"做特别的预算。这时，装修的费用就不能按正常报价来计算了。水电改造、墙面地面装修最常出现"特殊情况"。例如，墙面裂缝、瓷砖的花色不一样，水电改造的实际发生数量与原来的估计出入比较大等，预算中关于水路、电路的改造费用开始时很难准确计算出，通常是先预收一小部分，竣工时再按实际发生的数量进行结算。因此，业主对特殊项目和预算一定要做到心中有数。

7. 包工包料容易出现的问题

包工包料是装修公司非常喜欢也较为普遍的做法。对于业主来说，这种方式能省去很多购买材料可能出现的麻烦。一般来讲，正规的公司都有很高的透明度，对于各种材料的性能、规格、工艺、等级、价格等都能向业主清楚地说明。此外，由于装修公司经常与材料供应商打交道，供货渠道比较稳定，很少会买到假冒伪劣品，同时大批量的购买，价格也会相对较低。但从而也帮助装修公司在材料上有很大的利润空间，帮助他们偷工减料。

8. 包工包辅料容易出现的问题

包工包辅料业主只要与装饰公司结算人工费、机械使用费和辅助材料费即可。相对省去部分时间和精力；自己对主材的把握可以满足一部分"我的装修我做主"的心理，避免装修公司在主材上获利。装修公司方面容易在辅料上以次充好，偷工减料；推卸责任把装修质量问题归咎于主材。

9. 包清工容易出现的问题

对业主来说包清工可以将材料费用紧紧抓在手里，装修公司材料零利润；如果对材料熟悉，可以买到最优性价比产品，极大满足业主的装修欲望。但会出现要耗费大量时间掌握材料知识，容易买到假冒伪劣产品，无休止砍价精力消耗大，运输费用的浪费，对材料用量估计失误引起浪费等问题。对装修公司来说，工人不会帮业主省材料；装修质量问题可能会被推托于业主采购的材料上。

 装修解疑

装修公司在装修中怎样做到设计费的暗度陈仓？

增加装修项，可简单装修的变为复杂装修

例如，一个小卫浴，本来只做简单装修即可，费用不过几百元，而设计师会推荐业主安装整体浴室、冲淋房、玻璃轨道移门等，其中的任何一项费用都在一千元以上。

增加建材费用，材料费提成补偿免去的设计费

有些设计师会干脆就与业主摊牌，声称因为没有设计费用，其收入主要来自于建材的提成，如果不去设计师本人推荐的建材商那里购买材料，设计质量就很难保证。如此，增加的建材费用也弥补了免去的费用。

🔍 施工人员的猫腻

1. 瓦工的偷工减料

瓦工一般是涉及家中砌筑铺贴工程，因为其操作往往都是看得见的工序，因此有一些不良工人往往采用以次充好的形式来偷工减料，如购买劣质水泥、沙子、瓷砖、砌砖等。或者在辅料的使用上，不给足分量，影响装修质量。

2. 电工影响工程质量的做法

有时，施工工人会把强电（如照明电线）和弱电（如电话线、网络线）放在一个管内或盒内，少铺一根管，省时省力。如果这样，在业主打电话、上网时就会出现线路干扰，同时，一根管内穿线过多也有发生火灾的危险。正确做法是强弱电分开走线，严禁强弱电共用一管、一个底盒。

3. 木工的偷工减料

在装修时，买不合规格的劣质木板，以一块9厘夹板为例。进口板的市价为每块75~80元，而国产的一些档次较低的产品仅为每块55~60元，差价是每块20元。

比如，以一个80平方米的家居为例，用9厘板约为50平方米。单一项可以节省开支1000元；用劣质面板或在业主对材料不熟悉的情况下，而合同条款又没有明确规定时浑水摸鱼。

4. 油漆工的偷工减料

在装修过程中，使用假乳胶漆，可以节省500元左右；如果在施工过程中减少相应的遍数，则会节省500~1000元；如果在施工时使用劣质清漆，则会节省约为200元。在装修施工中，需要使用质量较好的乳胶漆，业主在装修时也需要多注意油漆工程，油漆质量的好坏会影响到房屋的空气质量，对人体健康的影响很大。

5. 施工中容易在隐蔽工程做的手脚

业主一般对于隐蔽工程和一些细节问题了解不多，如上下水改造、防水防漏工程、强电弱电改造、空调管道等工程做得如何，短期内很难看出来，也无法深究，不少施工人员常

 装修解疑

装修公司为什么会叫业主多做木工活?

装修公司或工头总会劝说业主多做一些木工活，因为对装修公司来说水电工、木工活是比较赚钱的。业主一定要按照实际情况来定夺，千万不要盲目装修。

对于家具活，除非户型不规则必需定做外，能在家具厂购买尽量在家具厂购买：一是家具厂经过多种工序，不会轻易变形；二是木工活在业主家干的话，占场地、脏乱，而且油漆味浓，家具易变形；三是材料质量一般都不会特别好。

在此做文章。在装修过程中，常见的偷工减料的项目主要有：基底处理、地面找平、小面处理、电线穿管、接缝修饰、墙面剔槽、墙地砖铺贴、电线接头、下水管路、墙面刷漆。

6. 下水管道施工的偷工减料

施工队在进行装修时，有时为省事，将含有大量水泥、沙子和混凝土碎块的脏水倒入下水道。这样做的直接后果是严重堵塞下水道，造成厨房和卫浴因下水不畅而跑水。有些工程虽然在最后验收时没有问题，但后来总是出现下水不畅的问题。

7. 地面找平时的偷工减料

有些房屋的地面不够平整，在装修中需要重新找平。如果工人不够细心或有意粗制滥造，就会造成"越找越不平"的问题，而且施工中使用的水泥砂浆还会大大增加地面荷载，给楼体安全带来隐患。

8. 粉刷墙面时的偷工减料

乳胶漆是目前最常见的墙面装修材料，在具体施工中可以进行涂刷、辊涂或喷涂。如果工人在施工时不认真或敷衍了事，常会出现微小的色差，尤其是颜色较深的乳胶漆更会出现这种问题。

9. 地砖铺贴时的偷工减料

铺贴墙地砖是一个技术性较强的工序。如果工人们偷工减料的话，最容易出现瓷砖空鼓、对缝不齐等问题，另外铺贴瓷砖用的水泥和黏结剂也有讲究，如果配比不合理也会出现脱落等问题。

10. 基底处理时的偷工减料

在墙地砖的铺装施工中，业主要注意瓷砖不能直接铺在石灰砂浆、石灰膏、纸筋石灰膏、麻刀石灰浆和乳胶漆表面上，而是要将基层面处理干净后方能铺设。瓷砖和基底之间使用的黏结浆料，应严格按照施工标准和比例调配，使用规定标号水泥、黏结胶材料，不能随意调配。

11. 接缝粉饰时的偷工减料

对于接缝的处理是非常重要的，业主一定要监督工人认真施工。如果在墙面上有两种颜色的涂料相对接时，在施工中一定要在第一种颜色的边沿处贴上胶带，再在上面涂刷另一种颜色的涂料，这样在施工完毕后撕去胶带，整个接缝才能整齐。

12. "小面"处理时的偷工减料

所谓"小面"，就是一些业主眼睛看不到，又不太留意的小地方，例如户门的上沿、窗台板的下面，暖气罩的里面等地方，有些工人在这里就会偷工减料，甚至会不做任何处理。

13. 墙面剔槽时的偷工减料

暗埋管线就必须在墙面和地面上开槽，才能将管线埋入。有时，有个别工人在进行开槽操作时，不顾后果进行野蛮施工，不仅破坏建筑承重结构，还可能给附近的其他管线造成损坏。

第二章

精益求精：
装修中期施工常识要掌握

对于家庭装修来说，最重要的、学问最多的阶段就是装修中期的问题。如详细地了解各种装修风格、合理地规划功能空间、细致地掌握装修施工细节等等。其中最为繁杂的属于施工中的细节问题，如隐蔽工程中的防水标准、水电管路的排布原则、地砖节省材料的铺贴方法、乳胶漆的滚涂遍数等。其中，防水的标准高度在300厘米以上，淋浴位置为1.8米；水电管路的铺设讲究横平竖直，方便出问题时的维修；地砖铺贴应从地面的一角向四周蔓延，才不会浪费材料；一遍石膏找平、两遍腻子粉、三遍乳胶漆是墙面刷漆的标准等等。因此，熟悉并掌握这些常识，才能方便家庭的装修。

装修风格自己做主

室内空间的装修风格拥有悠久的发展历史，风格也是繁杂多样。欧式风格、现代风格、中式风格是各种装饰风格中的主体，地中海风格、东南亚风格、美式乡村风格也各有特色。业主在了解各种风格的同时，重要的是寻找自己所喜欢的装饰风格，避免被眼花缭乱的装修风格分散注意力，寻找不到明确的方向。

🔍 确定装修风格需求

1. 居住舒服实用

室内功能空间划分合理是居住的基本要求，为了获得合理的室内空间，通常需要对原有建筑形态进行一些改造。如卧室空间过小，房间数量过多，可适当拆墙合并空间；相反，则可分隔空间，从而获得适合的居住环境。

紧凑的储藏空间是现代家居装修的一大要点。室内空间的入口处、卧室空间的转角处、走道及厨房的吊顶处、阳台的边侧等都可成为相对独立的储藏空间，有效地收纳杂物，使有限的空间得到最大的利用。

空间与家具尺度亲近怡人。尺度应适合居住者的特定高度，需量身定造，切记不可东拼西凑。

工程造价经济合算。家居装修应适合家庭成员的经济承受能力，量力而行，盲目攀比及高消费装修是不切实际的。以简单适合为主，局部装饰为辅，可随意变换为优。

2. 环境优雅和谐

装饰造型画龙点睛：可将个人喜好的图形元素、装饰挂画等放置于居室重要部位，围绕装饰物件进行设计规划，既可节省成本，又可造成与众不同的个性化创意。而高档的石材、繁琐的吊顶并不一定适合每套户型。

色彩丰富多样：通过色彩的明度、纯度、色相三要素相互调和，营造具有个性化的环境氛围。如高明度低纯度的浅色乳胶漆较为适合居室大墙面，而局部墙面可涂饰跳跃色彩，醒目怡人，统一中求变化。

陈设新颖巧妙：近年来，软装饰的流行也推动了陈设物品的发展，成为重要的第二次装修。业主可根据不同功能的居室空间、不同的季节、不同的个人心情进行调整，以满足多样化的个性需求。

家具搭配和谐：如客餐厅一体的空间，沙发需要从样式上、色彩上与餐桌椅相搭配，形成统一的设计感；卧室内的床具与衣柜需采用统一的设计风格，并且衣柜的样式设计切忌不可比床具复杂；另外还有厨房、卫生间等空间，橱柜与洁具的选择不应与墙面瓷砖的色彩差别过大才好。

 装修解疑

如何选择适合自己的装修风格？

根据感觉选风格

通过看书、翻阅图片、查资料，挑选自己喜欢的风格。不拘泥于户型、面积、结构、经济承受能力，就像买衣服、买鞋一样，找出适合自己的风格。例如，在电视上看到了（或到过）阿尔卑斯山，很喜欢它，说明你喜欢阿尔卑斯山那种感觉。因此，北欧的设计风格应该很适合你。一句话，不论从哪种方式来选择装修风格，感觉最重要，这是一个找感觉的阶段。

根据喜欢的事物来选风格

如果对装修风格没有一个整体概念，那么就可以根据喜欢的配饰、家具、地板等众多东西一步步地拓展，逐渐让你意识中的装修风格丰满起来。这种从点到面出来的风格也差不多就是你想要的装修风格了，再让设计师帮忙完善一下。

根据材料选风格

家庭装修中，材料的选用非常重要。如同一套得体的服装，合理的材质选择会起到锦上添花的作用。而用所选材料搭配出的装修风格犹如漂亮的衣服穿在适合的人身上，衣服漂亮，人更漂亮。建议在装修前多逛逛建材市场，从材料中找找感觉。

跟设计师沟通选定风格

业主应和设计师多沟通，告诉设计师自己的兴趣、个性、职业、生活，通过与设计师的充分交流，内心隐约的审美情趣会一点点地展现。装修过程中，设计师会有重点地进行表达。

根据家庭情况选择风格

根据资金、户型、面积、结构、时间来衡量装修风格。通常来说，现代简约风格相对省时省钱，中式风格比现代简约风格造价略高一些，巴洛克、古典主义、古罗马、文艺复兴等欧式风格投入的装修时间往往较长、资金也较多。花园洋房、别墅等因面积和结构的原因，资金和时间投入都相对要大一些。

简约风格

1. 关于简约风格

简约风格主要是以简洁的表现形式来满足人们对空间环境感性的、本能的和理性的需求，是目前装修市场中最为流行的一种装饰风格。人们在日趋繁忙的生活中，渴望得到一种能彻底放松、以简洁和纯净来调节转换精神的空间，这是人们在互补意识支配下，追求简单和自然的心理。

2. 简约风格家居的特点

很多人都认为简约即是简单。其实不然，简约设计风格往往不只是表达在家庭装修方面，它也包括了家庭中的软装搭配、家具设计、空间布局等多个方面。简约风格在注重生活品位的同时，还注重健康时尚，注重合理节约、科学消费，以简洁时尚的视觉效果营造出时尚前卫的感觉。

3. 多功能的简约风家具

多功能家具是一种在具备传统家具初始功能的基础上，实现其他新设功能的家具类产品，是对家具的再设计。例如，在简约风格的居室中，选择可以用作床的沙发、具有收纳功能的茶几和岛台等，这些家具为生活提供了便利。

简约风格的设计要点	
"轻装修、重装饰"	"轻装修、重装饰"是简约风格设计的精髓；而对比是简约装修中惯用的设计方式
常用建材	纯色涂料、纯色壁纸、条纹壁纸、抛光砖、通体砖、镜面、烤漆玻璃、石材、石膏板造型
常用家具	低矮家具、直线条家具、多功能家具、带有收纳功能的家具
常用配色	白色、白色＋黑色、木色＋白色、白色＋米色、白色＋灰色、白色＋黑色＋红色、白色＋黑色＋灰色、米色、中间色、单一色调
常用装饰	纯色地毯、黑白装饰画、金属果盘、吸顶灯、灯槽
常用形状图案	直线、直角、大面积色块、几何图案

▪▪▪▪ 简约风格的重点建材 ▪▪▪▪

纯色涂料

涂料具有防腐、防水、防油、耐化学品、耐光、耐温等功用，非常符合简约家居追求实用性的概述。

条纹壁纸

简约风格追求简洁的线条，因此素色的条纹壁纸是其装饰材料的绝佳选择。其中横条纹壁纸有扩展空间的作用，而竖条纹壁纸则可以令层高较低的空间显得高挑，避免压抑感。

▪▪▪▪ 简约风格的重点配色 ▪▪▪▪

白色

用白色调呈现干净、通透的简约风格居室，是很讨巧的手法。其不浮躁、不繁杂，令人的情绪可以很快地安定下来。

白色＋黑色

面积稍大的居室可以将白色装饰的面积占据整体空间面积的80%～90%，黑色只用10%～20%即可；面积低于20平方米的居室，则可以将黑色装饰扩大到占整体面积的30%。此外，60%的黑搭配20%的白与20%的灰，这样的搭配更显简约风格的优雅气质。

中间色

简约风格的居室经常以棕色系列（浅茶色、棕色、象牙色）或灰色系列（白色、灰色、黑色）等中间色为基调色。

■■■■ **简约风格的重点形状图案** ■■■■

直线

简洁的直线条最能表现出简约风格的特点：要先将空间线条重新整理，整合空间中的垂直线条，讲求对称与平衡；不做无用的装饰，呈现出利落的线条，让视线不受阻碍地在空间中延伸。

大面积色块

简约风格划分空间的途径不一定局限于硬质墙体，还可以通过大面积的色块来进行划分，这样的划分具有很好的兼容性、流动性及灵活性；另外大面积的色块也可以用于墙面、软装饰等地方。

 装修建议

简约风格装修的注意事项

一、了解简约风格设计的空间构成

简约风格装修追求的是空间的灵活性及实用性，在设计上要根据空间之间相互的功能关系而相互渗透，让空间的利用率达到最高。划分空间的途径不一定局限于硬质墙体，也可以通过家具、陈列品、吊顶、地面材料甚至根据灯光的变换来进行划分，具有很好的兼容性、流动性及灵活性。

二、了解简约风格的色彩设计

简约风格装修多采用几何线条装饰，选用的色彩也较为跳跃明快。在色彩设计上受到现代绘画流派思潮的影响较大，往往通过强调原色之间的对比协调来追求一种具有普遍意义的永恒的艺术主题。所以，在简约风格装修家居中，装饰画、织物的选择对于整个色彩效果也起到重要的作用。

三、了解简约风格的装饰材料

在材料的选择上，不再仅仅局限于传统的木材、石材、面砖等天然材料，而是扩大到玻璃、塑料、金属、涂料以及合成材料上，运用材料之间的结构关系表现出一种区别于传统风格的高技术室内空间氛围。需要注意的是，在材料之间的交接上，往往需要特殊的处理方法及精细的施工工艺才能达到预期的效果。

四、了解简约风格的配饰选择

现代简洁风格中，室内家具、陈列品及灯具的选择都要从整体设计出发。家具的选择要符合人的生活习惯及肌体特性。灯光则要注意不同居室的灯光效果要有机地结合起来。陈列品的设置尽量突出个性和美感，配饰选择尽量简约，没有必要为了显得"阔绰"而放置一些较大体积的物品，尽量以实用、方便为主。

五、了解简约风格的个性设计

现代简约风格的居室极其重视个性化，着重表现出区别于其他住宅的东西。但是这个个性化一定不能主张奢华高档，而是更多地注重整体风格的协调性。小空间、多功能设计是现代简约风格家居的重要特征，尽量在主人的兴趣爱好及空间相关联的功能上多下工夫。

现代风格

现代风格家居的特点　●●●●●

1. 以棕色系列为基调色

现代风格的色彩经常以棕色系列或灰色系列等中间色为基调色。白色最能表现现代风格的简单，黑色、银色、灰色则展现现代风格的明快。

现代风格的另一项用色特征，就是使用非常强烈的对比色彩效果，创造出特立独行的个人风格。现代风格的居室重视个性和创造性的表现。

住宅小空间多功能是现代室内设计的重要特征。与主人兴趣爱好相关联的功能空间，包括家庭视听中心、迷你酒吧、健身角、家庭电脑工作室等。这些个性化的功能空间完全可以按主人的个人喜好进行设计，从而表现出与众不同的效果。

2. 空间的实用性与灵活性

空间组织不再以房间组合为主，空间的划分也不再局限于硬质墙体，而是更注重会客、餐饮、学习、睡眠等功能空间的逻辑关系。

通过家具、吊顶、地面材料、陈列品甚至光线的变化来表达不同功能空间的划分，而且这种划分又随着不同的时间段表现出灵活性、兼容性和流动性。

在选材上不再局限于石材、木材、面砖等天然材料，而是将选择范围扩大到金属、涂料、玻璃、塑料以及合成材料，并且夸张材料之间的结构关系，力求表现出一种完全区别于传统风格的高度技术化的室内空间气氛。

3. "少即是多" 的装饰原则

淡米色现代风格家居提出"少即是多"的装饰美学原则。现代风格最大的特点是简洁、明了，抛弃了许多不必要的附加装饰，以平面构成、色彩构成、立体构成为基础进行设计，特别注重空间色彩以及形体变化的挖掘。

打造家居现代风的要素 ●●●●●

1. 空间

无论房间多大，一定要显得宽敞。不需要繁琐的装潢和过多家具，在装饰与布置中最大限度地体现空间与家具的整体协调。造型方面多采用几何结构，这就是现代简约主义时尚风格。

2. 功能

主张在有限的空间发挥最大的使用效能。家具选择上强调让形式服从功能，一切从实用角度出发，废弃多余的附加装饰，点到为止。简约，不仅仅是一种生活方式，更是一种生活哲学。

3. 材质

充分了解材料的质感与性能，注重环保与材质之间的和谐与互补。新技术和新材料的合理应用是至关重要的一个环节，在人与空间的组合中反映流行与时尚才更能够代表多变的现代生活。

4. 色彩

家中的色彩不在于多，而在于搭配。过多的颜色会给人以杂乱无章的感觉。在现代简约风格中多使用一些纯净的色调进行搭配，这样无论家具造型和空间布局，才会给人耳目一新的惊喜。

现代风格的设计要点	
提倡突破传统	提倡突破传统，创造革新，重视功能和空间组织；造型简洁，反对多余装饰
常用建材	复合地板、不锈钢、文化石、大理石、木饰墙面、玻璃、条纹壁纸、珠线帘
常用家具	造型茶几、躺椅、布艺沙发、线条简练的板式家具
常用配色	红色系、黄色系、黑色系、白色系、对比色
常用装饰	抽象艺术画、无框画、金属灯罩、时尚灯具、玻璃制品、金属工艺品、马赛克拼花背景墙、隐藏式厨房电器
常用形状图案	几何结构、直线、点线面组合、方形、弧形

▪▪▪▪▪ 现代风格的重点家具 ▪▪▪▪▪

造型茶几

现代风格选择造型感极强的茶几作为装点的元素，不仅简单易操作，还能大大地提升房间的现代感。

线条简练的板式家具

追求造型简洁的特性使板式家具成为此风格的最佳搭配伙伴，其中以茶几和电视背景墙的装饰柜为主。

▪▪▪▪▪ 现代风格的重点建材 ▪▪▪▪▪

复合地板

复合地板大多有相对丰富的色彩和图案可供搭配选择，比较符合现代风格的需求。

不锈钢

不锈钢其镜面反射作用，可取得与周围环境中的各种色彩、景物交相辉映的效果，很符合现代风格追求创造革新的需求。

大理石

大理石地砖铺贴的地面，大理石塑造的电视背景墙，大理石贴装的厨房台面等，都是现代风格中常用设计手法。

玻璃

玻璃可以塑造空间与视觉之间的丰富关系。比如雾面朦胧的玻璃与绘图图案的随意组合最能体现现代家居空间的变化。

珠线帘

在现代风格的居室中可以选择珠线帘代替墙和玻璃，作为轻盈、透气的软隔断，既划分区域，不影响采光，又能体现居室的美观。

▪▪▪▪▪ 现代风格的重点装饰 ▪▪▪▪▪

抽象艺术画

　　抽象画与自然物象极少或完全没有相近之处，而又具强烈的形式构成，因此比较符合现代风格的居室。

马赛克拼花背景墙

　　马赛克拼花除了可以选择商家提供的图案，也可以自己选择图案，让厂家根据需要制作，这样量身定制的模式非常符合当下年轻业主们的需求。

▪▪▪▪▪ 现代风格的重点形状图案 ▪▪▪▪▪

几何结构

　　圆形、弧形等可以令现代风格的空间充满造型感，而几何图形其本身具有的图形感，能够体现出现代风格的创新理念。

点线面组合

　　点线面组合体现在现代风格的平面构成、立体构成和色彩构成里。需要注意是点多了会感觉散，面多了会感觉板，线多了会感觉乱，因此在居室设计中这些元素要灵活组合。

装修建议

了解现代风格的设计误区，不上"设计"当

一、开放式厨房

　　在现代家居装修设计中，要将厨房面积加大，或与餐厅连为一体，许多人会仿效国外的开放式厨房设计，把厨房设计成餐厨一体，甚至是餐厨客一体的样式。这种设计看起来很时尚，但考虑到中国人的饮食习惯，尤其是喜欢在家烹饪美食的业主，选用时一定要谨慎。目前很多平板抽油烟机都不太适合国情，集烟罩太浅或根本就没有集烟罩，导致来不及抽走的油烟外溢，扩散严重。即使用中式抽油烟机，时间一长，油腻也会附着在柜面或墙面上，厨房的卫生打理就会成为一个令人头疼的问题。

二、多样混搭色

　　众所周知，混搭是当下流行的风格，将不同设计风格混在一起，通常会采用多种颜色混配。如果搭配得当，会有别具风味、不落俗套的感觉。由于颜色对人的心理有着重要的影响，如果"混"功不足，使用颜色太多，不但会显得混乱、无重点，而且还直接影响人的心情和健康。所以提醒你在现代家居装修设计中对色彩的运用上，最好还是要遵循三个对比关系：黑白对比、冷暖对比、纯度对比。

混搭风格

混搭风格家居的特点 ●●●●●

1. 明确的风格主调

一个家要呈现的风格一定要统一，不能客厅是欧式古典，卧室却变成中国清代的繁复风格，洗手间又采用地中海风格的装修，超过三种以上的风格调和在一起，对整体和谐是一大挑战，更何况一些风格本身就是不相容的。

2. 舒适的配饰"混搭"

配饰在"混搭"时的使用更要遵循精当的原则。多，未必累赘；少，未必得当。虽然整体面积不是很大，材质也需要拟定 1 ～ 2 种色彩、质地和花纹，比如使用壁纸，那么窗帘、沙发、床品都需要考虑搭配。除非用来专门展示，否则摆件还是和主色调配合比较保险。

3. 清晰的色彩分配

"混搭"的居室一般都比较繁复，家具配饰样式也较多。这时家庭装修设计在色彩的选择上就更要小心，免得整体显乱。在考虑整体风格的时候就需要定下一两种基本色，然后在这个基础上添加同色系的家具，配饰则可以选择柔和的对比色以提升亮度，也可以选择中间色以显示内敛。

混搭设计的注意事项 ●●●●●

1. 材料搭配不当易造成视觉混乱

在混搭风格的家居中，材料的选择十分多元化，能够中和木头、玻璃、石头、钢铁的硬，调配丝绸、棉花、羊毛、混纺的软，将这些透明的、不透明的、亲切的、冰冷的不同属性的东西层次分明地摆放和谐，就可以营造出与众不同的混搭风格家居。但正因为材料的多样化，搭配不当极易造成混乱的视

觉效果。为避免这一现象，选材之初不妨多参考成功案例，多听取专业人士的意见，以免日后推倒重来，花费更多的人力、物力和财力。

2. 风格定位是家装成功的前提

混搭风格简言之，是各种风格精华的大集合。但一定要有主要的视觉表现风格，就是将几种风格进行适当比例的搭配。如以现代风格为主，中式风格与美式乡村风格为辅，这样设计出的空间不显杂乱，在各种风格的搭配下，产生一种冲突的美感。

3. 色彩统一是家装和谐的保障

心理学研究证实，色彩对人的心理暗示作用非常强大，混乱的色调容易引起视觉神经紧张、心情烦乱、恐惧等一系列问题。所以，在颜色选择上既要符合自己和家人的个性，更要符合色彩搭配的原则，不管是冷色调还是暖色调，最好只选择一种色调。

4. 以人为本的理性混搭

混搭虽然能为居室空间添上浓墨重彩的一笔，但如果太过于强烈地追求个性化的居室风格，不考虑实用性以及人的居住感受，不但会事倍功半，还会给人带来视觉和心理上的不舒服感。这样做便抹杀了居室空间最原始的功能——以人为主。所以，要清楚地知道，无论做怎样的混搭，都要以人为主，不要变成风格与家具的奴隶，要当生活的主人。

混搭风格的设计要点	
混搭不是简单的风格堆砌	混搭并不是简单地把各种风格的元素放在一起做加法，而是把它们有主有次地组合在一起。中西元素的混搭是主流，其次还有现代与传统的混搭
常用建材	玻璃＋镜面、玻璃＋金属、皮质＋金属＋镜面、大理石＋镜面玻璃、大理石＋实木、实木＋藤＋大理石、不同图案的壁纸、中式仿古墙
常用家具	西式沙发＋明清座椅、现代家具＋中式家具、现代家具＋欧式家具、形态相似的家具＋不一样的颜色
常用配色	反差大的色彩、冷色＋暖色、红色＋绿色、色彩的纯度对比
常用家具	西式沙发＋明清座椅、现代家具＋中式家具、现代家具＋欧式家具、形态相似的家具＋不一样的颜色
常用装饰	现代装饰品＋中式装饰品、民族工艺品＋现代工艺品、欧式雕像＋中式木雕、现代灯具＋中式木挂、中式装饰画＋欧式工艺品、欧式屏风＋现代灯具
常用形状图案	直线＋弧线、直线＋雕花、方形＋圆形、不规则吊顶

▪▪▪▪ ▪ 混搭风格的重点家具 ▪ ▪▪▪▪

现代家具＋中式古典家具

　　一般来说中式家具与现代家具的搭配黄金比例是3：7，因为中式家具的造型和色泽十分抢眼，太多反而会令居室显得杂乱无章。

形态相似的家具＋不一样的颜色

　　混搭风格的家居中选择色彩不一样，但形态相似的家具作为组合，既可以令空间元素显得不那么杂乱，又可以达到混搭家居追求不同的效果。

▪▪▪▪ ▪ 混搭风格的重点装饰 ▪ ▪▪▪▪

现代装饰品＋中式装饰品

　　现代装饰品的时尚感与中式装饰品的古典美，可以令混搭居室的格调独具品味。

现代灯具＋中式元素

　　选择一盏非常具有现代特色的灯具来奠定居室的前卫与时尚，之后在居室内加入一些中式元素，如中式木挂、中式雕花家具等，这样的搭配可以令混搭家居氛围异常独特。

现代画＋中式家具

　　混搭风格的家居中先摆放上典雅的中式家具，然后在其墙面或者家具上或挂或摆上装饰画，这样的装饰手法非常讨巧，既简单，又可以根据业主的心情随意更换。

🔍 中式古典风格

中式古典风格的特点，表现在室内布置、线形、色调以及家具、陈设的造型等方面，吸取传统装饰"形""神"的特征，以传统文化内涵为设计元素，革除传统家居的弊端，去掉多余的雕刻，糅合现代西式家居的舒适，根据不同户型的居室，采取不同的布置。

1. 中式空间的层次感

这种传统的审美观念在中式风格中又得到了全新的阐释：依据住宅使用人数的不同，作出分隔的功能性空间，采用垭口或简约化的博古架来区分；在需要隔绝视线的地方，则使用中式的屏风或窗棂。通过这种新的分隔方式，单元式住宅就能展现出中式家居的层次之美。

2. 中式空间的优雅、庄严

中式风格装修擅长以浓烈而深沉的色彩来装饰室内。比如墙面喜欢用深紫色或者接近黑色的红，地面和墙面采用深色的地板或者木饰，天花板也是深色木质吊顶还有淡雅的灯光。我们都知道深色端庄、优雅，尽显内涵，所以中式风格装修适用于有内涵、端庄优雅的人。

3. 中式空间的对称原则

东方美学讲究"对称"，对称能够减少视觉上的冲击力，给人们一种协调、舒适的视觉感受。在中式古典风格的居室中，把融入了中式元素具有对称的图案用来装饰，再把相同的家具、饰品以对称的方式摆放，就能营造出纯正的东方情调，更能为空间带来历史价值感和墨香的文化气质。

4. 中国红与帝王黄的中式色彩

红色对于中国人来说象征着吉祥、喜庆，传达着美好的寓意。在中式古典风格的家居中，这种鲜艳的颜色，被广泛用于室内色彩之中，代表着业主对美好生活的期许。而黄色系在古代作为皇家的象征，如今也广泛地用于中式古典风格的家居中；并且黄色有着金色的光芒，象征着财富和权力，是一种骄傲的色彩。

中式古典风格的设计要点	
对称原则	布局设计严格遵循均衡对称原则，家具的选用与摆放是中式古典风格最主要的内容
常用建材	木材、文化石、青砖、字画壁纸
常用家具	明清家具、圈椅、案类家具、坐墩、博古架、塌、隔扇、中式架子床
常用配色	中国红、黄色系、棕色系、蓝色＋黑色
常用装饰	宫灯、青花瓷、中式屏风、中国结、文房四宝、书法装饰、木雕花壁挂、菩萨、佛像、挂落、雀替
常用形状图案	垭口、藻井吊顶、窗棂、镂空类造型、回字纹、冰裂纹、福禄寿字样、牡丹图案、龙凤图案、祥兽图案

▪▪▪▪ 中式古典风格的重点家具 ▪▪▪▪

明清家具

明清家具同中国古代其他艺术品一样，不仅具有深厚的历史文化艺术底蕴，而且具有典雅、实用的功能，可以说在中式古典风格中，明清家具是一定要出现的元素。

圈椅

圈椅由交椅发展而来，最明显的特征是圈背连着扶手，从高到低一顺而下，座靠时可使人的臂膀都倚着圈形的扶手，感到十分舒适，是我们民族独具特色的椅子样式之一。

案类家具

案类家具形式多种多样，造型比较古朴方正。由于案类家具被赋予了一种高洁、典雅的意蕴，因此摆设于室内成为一种雅趣，是一种非常重要的传统家具，更是鲜活的点睛之笔。

塌

塌是中国古时家具的一种，狭长而较矮，比较轻便，也有稍大而宽的卧塌，可坐可卧，是古时常见的木质家具。材质多种，普通硬木和紫檀、黄花梨等名贵木料皆可制作。

中式架子床

中式架子床为汉族卧具，为床身上架置四柱或四杆的床，式样颇多、结构精巧、装饰华美。装饰多以历史故事、民间传说、花马山水等为题材，含和谐、平安、吉祥、多福、多子等寓意。

▪▪▪▪ 中式古典风格的重点形状图案 ▪▪▪▪

窗棂

　　窗棂是中国传统木构建筑的框架结构设计，往往雕刻有线槽和各种花纹，构成种类繁多的优美图案。透过窗子，可以看到外面的不同景观，好似镶在框中挂在墙上的一幅画。

镂空类造型

　　镂空类造型如窗棂、花格等可谓是中式的灵魂，常用的有回字纹、冰裂纹等。

▪▪▪▪ 中式古典风格的重点装饰 ▪▪▪▪

宫灯

　　宫灯是中国彩灯中富有特色的汉民族传统手工艺品之一，主要是以细木为骨架镶以绢纱和玻璃，并在外绘以各种图案的彩绘灯，它充满宫廷的气派，可以令中式古典风格的家居显得雍容华贵。

木雕花壁挂

　　木雕花壁挂具有文化韵味和独特风格，可以体现出中国传统家居文化的独特魅力。

雀替

　　雀替是中国建筑中的特殊名称，安置于梁或阑额与柱交接处承托梁枋的木件；也可以用在柱间的挂落下，或为纯装饰性构件。在一定程度上，可以增加梁头抗剪能力或减少梁枋间的跨距。

挂落

　　挂落是中国传统建筑中额枋下的一种构件，常用镂空的木格或雕花板做成，也可由细小的木条搭接而成，用作装饰或同时划分室内空间。因为挂落有如装饰花边，可以使室内空阔的部分产生变化，出现层次，具有很强的装饰效果。

新中式风格

1. 新中式不是两种风格的堆砌

新中式风格的设计，并不是简单的两种风格的合并或其中元素的堆砌，而是要认真推敲，从功能、美观、文化含义、协调等方面综合考虑，从现代人的经济、生活需求出发，运用传统文化和艺术内涵或对传统的元素作适当的简化与调整，对材料、结构、工艺进行再创造。这样设计出来的作品才会是一个成熟的作品，否则不是太陈腐就是太轻浮，画虎不成反类犬，未免让人贻笑大方。

2. 新中式的重点把握

这与设计者本身的文化修养和设计功底是密不可分的，是多方位的知识累积，需要将对传统中国文化的了解及对当代社会时尚元素的敏感有效结合在一起，并使之相得益彰、水乳交融方可。两者都是一门甚至数门博大精深的学问，前者包括对中国历史、人文、地理、古典建筑、儒家、佛家、道家、绘画书法、园林等知识的融会贯通；后者包括现代及西方建筑、美术，对生活的理解和现代生活各项流程的熟知，对流行元素的敏锐察觉和理解。

3. 搭配和谐的中式色彩

新中式讲究的是色彩自然和谐的搭配，因此在对居室进行设计时，需要对空间色彩进行通盘考虑。经典的配色是以黑色、白色、灰色、棕色为基调；在这些主色调的基础上可以用皇家住宅的红、黄、蓝、绿等作为局部色彩。

4. 新中式是中式古典的传承与创新

新中式风格脱胎于中式古典风格，并结合了现代的先进工艺、设计理念以及大众的审美变化，而形成了新中式风格。在新中式的风格设计中，随处可见中式古典的痕迹，包括一些雕花图案、家具形体以及布艺装饰等。同时，新中式在继承了上述特点的基础上，对空间设计以及家具等进行了改良，简化了中式古典的繁复感，提升了设计的简约美感。因此，新中式在年轻一代人的视觉审美中，受到普遍的欢迎。

新中式风格的设计要点	
契合现代人的居住审美	新中式风格通过提取传统家居的精华元素和生活符号进行合理的搭配和布局，在整体的家居设计中既有中式家居的传统韵味，又更多地符合现代人居住的生活特点
常用建材	木材、竹木、青砖、石材、中式风格壁纸
常用家具	圈椅、无雕花架子床、简约化博古架、线条简练的中式家具、现代家具＋清式家具
常用配色	白色、白色＋黑色＋灰色、黑色＋灰色、吊顶颜色浅于地面与墙面
常用装饰	仿古灯、青花瓷、茶案、古典乐器、菩萨、佛像、花鸟图、水墨山水画、中式书法
常用形状图案	中式镂空雕刻、中式雕花吊顶、直线条、荷花图案、梅兰竹菊、龙凤图案、骏马图案

▪▪▪▪▪ 新中式风格的重点家具 ▪▪▪▪▪

线条简练的
中式家具

新中式的家居风格中，庄重繁复的明清家具的使用率减少，取而代之的是线条简单的中式家具，体现了新中式风格既遵循传统美感，又加入了现代生活简洁的理念。

现代家具+
清式家具

现代家具与清式家具的组合运用，弱化传统中式居室带来的沉闷感，使新中式风格与古典中式风格得到有效区分。另外现代家具具有的时代感与舒适度，可以为居住者带来惬意的生活感受。

▪▪▪▪▪ 新中式风格的重点装饰 ▪▪▪▪▪

仿古灯

中式仿古灯与精雕细琢的中式古典灯具相比，更强调古典和传统文化神韵的再现，图案多为清明上河图、如意图、龙凤、京剧脸谱等中式元素，其装饰多以镂空或雕刻的木材为主，宁静而古朴。

青花瓷

青花瓷是中国瓷器的主流品种之一，在明代时期就已成为瓷器的主流。在中式风格的家居中，摆上几件青花瓷装饰品，可以令家居环境的韵味十足，也将中国文化的精髓满溢于整个居室空间。

茶案

在中国古代的史料中，就有茶的记载，而饮茶也成为中国人喜爱的一种生活形式。在新中式家居中摆放上一个茶案，可以传递雅致的生活态度。

花鸟图

花鸟图不仅可以将中式的感觉展现得淋漓尽致，也因其丰富的色彩，而令新中式家居空间变得异常美丽。

欧式风格

1. 欧式古典风格

欧式古典风格追求华丽、高雅，典雅中透着高贵，深沉里显露豪华，具有很强的文化感和历史内涵。一般采用深色的色彩，以彰显浓郁的古典气息。室内多用带有图案的壁纸、地毯、窗帘、床罩、帐幔以及古典式装饰画或物件。

2. 欧式简约风格

大气、自然是欧式简约风格的特点。欧式简约风格，多以象牙白作为主色调，以浅色为主，深色为辅。相对比拥有浓厚欧洲风味的欧式风格，简欧风格更为清新，也更符合中国人内敛的审美观念。

3. 洛可可风格

洛可可风格的总体特征是轻盈、华丽、精致、细腻。室内装饰造型高耸纤细，不对称，频繁地使用形态方向多变的如"C""S"的曲线、弧线，常用大镜面作装饰，并且大量运用花环、花束、弓箭及贝壳图案纹样。

4. 巴洛克风格

巴洛克风格的主要特色是强调力度、变化和动感，强调建筑绘画与雕塑以及室内环境等的综合性，突出夸张、浪漫、激情和非理性、幻觉、幻想的特点。巴洛克风格打破均衡，平面多变，强调层次和深度。

欧式风格的设计要点	
浓郁的历史内涵	欧洲风格空间上追求连续性，以及形体的变化和层次感，具有很强的文化韵味和历史内涵
常用建材	石材拼花、仿古砖、镜面、护墙板、欧式花纹壁布、软包、天鹅绒
常用家具	色彩鲜艳的沙发、兽腿家具、贵妃沙发床、欧式四柱床、床尾凳
常用配色	白色系、黄色 / 金色、红色、棕色系、青蓝色系
常用装饰	大型灯池、水晶吊灯、欧式地毯、罗马帘、壁炉、西洋画、装饰柱、雕像、西洋钟、欧式红酒架
常用形状图案	藻井式吊顶、拱顶、花纹石膏线、欧式门套、拱门

欧式风格的重点建材

石材拼花

石材拼花在欧式古典家居中被广泛应用于地面、墙面、台面等装饰，以其石材的天然美（颜色、纹理、材质）加上人们的艺术构想而“拼”出一幅幅精美的图案。

护墙板

护墙板又称墙裙、壁板，一般采用木材等为基材，具有装饰效果明显、维护保养方便等优点。

软包

软包是一种在室内墙表面用柔性材料加以包装的墙面装饰方法，所使用的材料往往质地柔软，色彩柔和，其纵深的立体感能提升家居档次，是欧式古典家居中非常喜欢用到的装饰材料。

欧式风格的重点家具

兽腿家具

兽腿家具其繁复流畅的雕花，可以增强家具的流动感，表达出对古典艺术美的崇拜与尊敬。

贵妃沙发床

贵妃沙发床有着优美玲珑的曲线，这种家具运用于欧式古典家居中，可以传达出奢懿、华贵的宫廷气息。

欧式四柱床

四柱床起源于古代欧洲贵族，后来逐步演变成利用柱子的材质和工艺来展示业主的财富。因此，在古典欧式风格的卧室中，四柱床的运用非常广泛。

床尾凳

床尾凳是欧式古典家居中很有代表性的设计，具有较强装饰性，可以从细节上提升卧房品质。

▪▪▪▪ 欧式风格的重点装饰 ▪▪▪▪

水晶吊灯

水晶吊灯给人以奢华、高贵的感觉，很好地传承了西方文化的底蕴。

罗马帘

罗马帘是窗帘装饰中的一种，种类很多，其中欧式古典罗马帘自中间向左右分出两条大的波浪形线条，是一种富于浪漫色彩的款式，其装饰效果非常华丽，可以为家居增添一份高雅古朴之美。

壁炉

壁炉是西方文化的典型载体，选择欧式古典风格的家装时，可以设计一个真的壁炉，也可以设计一个壁炉造型，辅以灯光，以营造出极具西方情调的生活空间。

西洋画

在欧式古典风格的家居空间里，可以选择用西洋画来装饰空间，以营造浓郁的艺术氛围，表现业主的文化涵养。

雕像

欧洲雕像有很多著名的作品，在某种程度上，可以说欧洲承载了一部西方的雕塑史。因此，一些仿制的雕像作品也被广泛地运用于欧式古典风格的家居中，体现出一种文化与传承。

美式乡村风格

1. 装饰性与实用性并存的乡村风

美式乡村风格家具的一个重要特点是其实用性比较强，比如有专门用于缝纫的桌子，可以加长或拆成几张小桌子的大餐台。另外，美式家具非常重视装饰，风铃草、麦束、瓮形等图案都是常见的装饰。

2. 美式乡村独特的粗犷家具

美式乡村风格的家具主要以殖民时期为代表，体积庞大，质地厚重，坐垫也加大，彻底将以前欧洲皇室贵族的极品家具平民化，气派而且实用。主要使用可就地取材的松木、枫木，不用雕饰，仍保有木材原始的纹理和质感，还刻意添上仿古的瘢痕和虫蛀的痕迹，创造出一种古朴的质感，展现原始粗犷的美式风格。

3. 多样化的乡村风格配色

美式乡村风格对色彩没有太大的忌讳，只要不是刺眼的金银色、冷酷的黑白主调即可。传统的做旧灰蓝奶白，现代的粉红嫩绿，田园风格中最常被使用的纯白色系，都能在美式乡村风格中找到一席之地。选择带有活泼色彩的家具，特别在柜子和沙发的搭配上做文章，是美式乡村风格搭配的一个窍门。

4. 圆润的线条与鹰形图案

美式乡村风格的居室一般要尽量避免出现直线，经常会采用像地中海风格中常用的拱形垭口，其门、窗也都圆润可爱，这样的造型可以营造出美式乡村风格的舒适和惬意感觉。另外，白头鹰是美国的国鸟，代表勇猛、力量和胜利。在美式乡村风格的家居中，这一象征爱国主义的图案也被广泛地运用于装饰中，比如鹰形工艺品，或者在家具及墙面上体现这一元素。

5. 丰富的风格配饰

美式乡村配饰多样，非常重视生活的自然舒适性，突出格调清婉惬意，外观雅致休闲。布艺、各种繁复的花卉植物，是美式乡村风格中非常重要的运用元素。也常运用天然木、石、藤、竹等材质质朴的纹理。巧于设置室内绿化，创造自然、简朴、高雅的氛围。

美式乡村风格的设计要点	
"回归自然"	美式乡村风格摒弃繁琐和豪华，以舒适为向导，强调"回归自然"
常用建材	自然裁切的石材、砖墙、硅藻泥墙面、花纹壁纸、实木、棉麻布艺、仿古地砖、釉面砖
常用家具	粗犷的木家具、皮沙发、摇椅、四柱床
常用配色	棕色系、褐色系、米黄色、暗红色、绿色
常用装饰	铁艺灯、彩绘玻璃灯、金属风扇、自然风光的油画、大朵花卉图案地毯、壁炉、金属工艺品、仿古装饰品、野花插花、绿叶盆栽
常用形状图案	鹰形图案、人字形吊顶、藻井式吊顶、浅浮雕、圆润的线条（拱门）

▪▪▪▪▪ 美式乡村风格的重点建材 ▪▪▪▪▪

自然裁切的石材

　　自然裁切的石材符合乡村风格选择天然材料的要点，自然裁切的特点又能体现出该风格追求自由、原始的特征。

砖墙

　　红色砖墙在形式上古朴自然，与美式乡村风格追求的理念相一致，独特的造型也可为室内增加一抹亮色。

硅藻泥墙面

　　美式乡村风格的居室内用硅藻泥涂刷墙面，既环保又能为居室创造出古朴的氛围。

油漆

　　田园风格中，多采用纯色油漆如白色混油等，涂刷在木材的表面，搭配碎花元素，来营造田园气息。

▪▪▪▪▪ 美式乡村风格的重点装饰 ▪▪▪▪▪

铁艺灯

　　铁艺灯的色调以暖色调为主，能散发出一种温馨柔和的光线，可以衬托出美式乡村家居的自然与拙朴。

自然风光的油画

　　大幅自然风光的油画其色彩的明暗对比可以产生空间感，适合美式乡村家居追求阔达空间的需求。

绿叶盆栽

　　美式乡村风格非常重视生活的自然舒适性，突出格调清婉惬意，外观雅致休闲。其中各种繁复的绿色盆栽是美式乡村风格中非常重要的装饰运用元素。

布艺

　　这可以说是美式乡村风格最重要的元素，各式大花图案的布艺沙发备受人们宠爱，带着甜美的乡间气息，给人一种自由奔放、温暖舒适的心理感受。棉麻材质是主流，布艺的天然感与乡村风格能很好地协调。

田园风格

1. 法式田园风格

法式田园风格比较注重营造空间的流畅感和系列化，虽然也被戏称"脂粉气"过重，但那种浪漫确实让人无法抗拒。法式乡村很注重色彩和元素的搭配。古董、蓝色、黄色、植物以及自然饰品是法式田园风格的装饰，配饰、条纹布艺、花边则是最能体现法式田园风格的细节元素。

2. 英式田园风格

小碎花图案是永恒的英式田园风格的主调。家具多以手工布面为主，线条优美，颜色秀丽。饰品布艺也秉承了这个特点，特征鲜明得让人过目不忘。典雅的英式乡村风格，拥有细腻而统一的色调、华丽又低调的图案，充满了浓郁的生活气息。

3. 韩式田园风格

韩式田园风格没有欧式的奢华与美式的精致，更注重打造简洁明快的风格，便于现代都市人的日常使用。其家具和装饰品也继承了这一点，色彩清新且便于使用。各种花卉饰品分散于房间的各处，格局错落有致且富有层次感，良好地体现出人与自然和谐共处的景象。

田园风格的设计要点	
重视自然	重视对自然的表现是欧式田园风格的主要特点，同时又强调浪漫与现代流行主义的特点
常用建材	天然材料、木材/板材、仿古砖、布艺墙纸、纯棉布艺、大花壁纸/碎花壁纸
常用家具	胡桃木家具、木质橱柜、高背床、四柱床、手绘家具、碎花布艺家具
常用配色	本木色、黄色系、白色系（奶白、象牙白）、白色＋绿色系、明媚的颜色
常用装饰	盘状挂饰、复古花器、复古台灯、田园台灯、木质相框、大花地毯、彩绘陶罐、花卉图案的油画、藤制收纳篮
常用形状图案	碎花、格子、条纹、雕花、花边、花草图案、金丝雀

▪▪▪▪▪ 田园风格的重点建材 ▪▪▪▪▪

天然材料

欧式田园风格的家居多用木料、石材等天然材料，其原始自然感可以体现出欧式田园的清新淡雅。

木材

欧式田园风格多用胡桃木、橡木、樱桃木、榉木、桃花心木、楸木等木种。一般设计都会保留木材原有的自然色调。

大花壁纸/碎花壁纸

无论是大花图案，还是碎花图案，都可以很好地诠释出欧式田园风格特征，可以营造出一种浓郁的唯美气息。

自然木材

材质以白橡木、红橡木、桃花心木或樱桃木为主，线条简单，保有木材原始的纹理和质感。

▪▪▪▪▪ 田园风格的重点装饰 ▪▪▪▪▪

盘状挂饰

盘子与生俱来的质朴以及不加雕琢的味道，非常适合用来点缀欧式田园风情的居室。

田园台灯

田园台灯大多拥有碎花图案和蕾丝花边，唯美、浪漫的基调和欧式田园风格不谋而合。

地中海风格

1. 拱形设计

家中的墙面处（只要不是承重墙），均可运用半穿凿或者全穿凿的方式来塑造室内的景中窗，这是地中海家居的一个情趣之处。

2. 色彩纯美

地中海风格装修，在色彩搭配上具有很明显的特征：

◎ 西班牙蔚蓝色的海岸与白色沙滩；

◎ 希腊的白色村庄在碧海蓝天下简直是制造梦幻；

◎ 南意大利的向日葵花田流淌在阳光下的金黄；

◎ 法国南部薰衣草飘来的蓝紫色香气；

◎ 北非特有沙漠及岩石等自然景观的红褐、土黄的浓厚色彩组合。

地中海的色彩丰富，并且由于光照足，所有颜色的饱和度也很高，体现出色彩最绚烂的一面。所以地中海的颜色特点就是：无需造作，本色呈现。

3. 线条随意

线条是构造形态的基础，因而在家居中是很重要的设计元素。地中海沿岸的房屋或家具的线条不是直来直去的，显得比较随意自然，因而无论是家具还是建筑，都形成一种独特的浑圆造型。

地中海风格的设计要点	
取材天然	地中海风格装修设计的精髓是捕捉光线，取材天然的巧妙之处
常用建材	原木、马赛克、仿古砖、花砖、手绘墙、白灰泥墙、细沙墙面、海洋风壁纸、铁艺栏杆、棉织品
常用家具	铁艺家具、木质家具、布艺沙发、船型家具、白色四柱床
常用配色	蓝色＋白色、蓝色、黄色、黄色＋蓝色、白色＋绿色
常用装饰	地中海拱形窗、地中海吊扇灯、壁炉、铁艺吊灯、铁艺装饰品、瓷器挂盘、格子桌布、贝壳装饰、海星装饰、船模、船锚装饰
常用形状图案	拱形、条纹、格子纹、鹅卵石图案、罗马柱式装饰线、不修边幅的线条

地中海风格的重点建材

马赛克

马赛克瓷砖的应用是凸显地中海气质的一大法宝，细节跳脱，整体却依然雅致。

白灰泥墙

白灰泥墙在地中海装修风格中也是比较重要的装饰材质，不仅因为其白色的纯度色彩与地中海的气质相符，其自身所具备的凹凸不平的质感，也令居室呈现出地中海建筑所独有的质感。

地中海风格的重点装饰

地中海拱形窗

地中海风格中的拱形窗在色彩上一般运用其经典的蓝白色，并且镂空的铁艺拱形窗也能很好地呈现出地中海风情。

地中海吊扇灯

地中海吊扇灯是灯和吊扇的完美结合，既具灯的装饰性，又具风扇的实用性，可以将古典和现代完美体现。

铁艺装饰品

无论是铁艺烛台，还是铁艺花器等，都可以成为地中海风格家居中独特的美学产物。

贝壳、海星等海洋装饰

贝壳、海星这类装饰元素在细节处为地中海风格的家居增加了活跃、灵动的气氛。

船、船锚等装饰

将船、船锚这类小装饰品摆放在家居中的角落，尽显新意的同时，也能将地中海风情渲染得淋漓尽致。

地中海风格的重点形状图案

拱形

建筑中的圆形拱门及回廊通常采用数个连接或以垂直交接的方式，在走动观赏中，出现延伸般的透视感。

鹅卵石图案

鹅卵石图案可以很好地表达地中海风格的自由、浪漫、休闲的装修精髓。

不修边幅的线条

地中海沿岸对于房屋或家具的线条显得比较自然，不是直来直去的，而是形成一种独特的不修边幅的造型。

东南亚风格

1. 色彩艳丽的布艺装饰

各种各样色彩艳丽的布艺装饰品是东南亚家居的最佳搭档。用布艺适当点缀能避免家居的单调气息，令气氛活跃。在布艺色调的选用上，东南亚风情标志性的炫色系列多为深色系。同时也可以参考深色家具搭配色彩鲜艳的布艺装饰这一原则，如大红、嫩黄、彩蓝色布艺相搭配。

2. 花草与禅意图案

东南亚风格的家居中图案往往来源于两个方面，一个是以热带风情为主的花草图案，一个是极具禅意风情的图案。其中花草图案的表现并不是大面积的，而是以区域型呈现的，比如在墙壁的中间部位或者以横条竖条的形式呈现；同时图案与色彩是非常协调的，往往是同一个色系的图案。而禅意风情的图案则作为装饰品出现在家居环境中。

3. 原木色家具与造型

原木色以其拙朴、自然的姿态成为追求天然的东南亚风格的最佳配色方案之一。用浅色木家具搭配深色木硬装，或反之用深色木家具来搭配浅色木硬装，都可以令家居呈现出浓郁的自然风情。

东南亚风格的设计要点	
民族岛屿特色	东南亚风格是东南亚民族岛屿特色及精致文化品位相结合的设计，把奢华和颓废、绚烂和低调等情绪调成一种沉醉色，让人无法自拔
常用建材	木材、石材、藤、麻绳、彩色玻璃、黄铜、金属色壁纸、绸缎绒布
常用家具	实木家具、木雕家具、藤艺家具、无雕花架子床
常用配色	原木色、褐色、橙色、紫色、绿色
常用装饰	烛台、浮雕、佛手、木雕、锡器、纱幔、大象饰品、泰丝抱枕、青石缸、花草植物
常用形状图案	树叶图案、芭蕉叶图案、莲花图案、莲叶图案、佛像图案

▪▪▪▪ 东南亚风格的重点装饰 ▪▪▪▪

佛手

东南亚家居中用佛手点缀，可以令人享有神秘与庄重并存的奇特感受。

木雕

东南亚木雕的木材和原材料，包括柚木、红木、桫椤木和藤条。大象木雕、雕像和木雕餐具都是很受欢迎的室内装饰品。

锡器

东南亚锡器以马来西亚和泰国产的为多，无论造型还是雕花图案都带有强烈的东南亚文化印记。

大象饰品

大象是东南亚很多国家都非常喜爱的一种动物。大象的图案为家居环境增加了生动、活泼的氛围，也赋予家居环境美好的寓意。

泰丝抱枕

采用泰丝为原料制作而成的抱枕，有着高档的丝绸质感，搭配充满异域风情的手工刺绣，将东南亚风格展现得淋漓尽致。

🔍 北欧风格

1. 浑然天成的配色原则

北欧风格设计貌似不经意，一切却又浑然天成。每个空间都有一个视觉中心，而这个中心的主导者就是色彩。北欧风格色彩搭配之所以令人印象深刻，是因为它总能获得令人视觉舒服的效果——多使用中性色进行柔和过渡，即使用黑白灰营造强烈效果，也总有稳定空间的元素打破它的视觉膨胀感，比如用素色家具或中性色软装来压制。

2. 装饰不多但精致的设计手法

北欧风格注重的是饰，而不是装，北欧的硬装大都很简洁，室内白色墙面居多。早期在原材料上更追求原始天然质感，譬如说实木、石材等，没有繁琐的吊顶。后期的装饰非常注重个人品位和个性化格调，饰品不会很多，但很精致。

3. 流畅的、简练的线条

北欧风格以简约著称，注重流畅的线条设计，代表了一种回归自然、崇尚原始的韵味，外加现代、实用、精美的艺术设计，反映出现代都市人进入新时代的某种取向与旋律。

4. 照片墙的律动感

在北欧风格中，照片墙的出现频率较高，其轻松、灵动的身姿可以为家居带来律动感。有别于其他风格的是，北欧风格中的照片墙，相框往往采用木质，这样才能和本身的风格达到协调统一。

北欧风格的设计要点	
简洁、浅淡的色彩	以简洁著称，浅淡的色彩、洁净的清爽感，让家居空间得以彻底降温
常用建材	天然材料、板材、石材、藤、白色砖墙、玻璃、铁艺、实木地板
常用家具	板式家具、布艺沙发、带有收纳功能的家具、符合人体曲线的家具
常用配色	白色、灰色、浅蓝色、浅色＋木色、纯色点缀
常用装饰	筒灯、简约落地灯、木相框或画框、组合装饰画、照片墙、线条简洁的壁炉、羊毛地毯、挂盘、鲜花、绿植、大窗户
常用形状图案	流畅的线条、条纹、几何造型、大面积色块、对称

▪▪▪▪ 北欧风格的重点建材 ▪▪▪▪

天然材料

木材、板材等天然材料，展现出一种朴素、清新的原始之美，代表着独特的北欧风格。

白色墙砖

白色砖墙保留了原始的质感，为空间增加了活力，其本身的白色，塑造出干净、整洁的北欧风格特点。

▪▪▪▪ 北欧风格的重点家具 ▪▪▪▪

板式家具

板式家具是使用不同规格的人造板材，再以五金件连接的家具，靠比例、色彩和质感，来传达北欧风格的美感。

符合人体曲线的家具

"以人为本"是北欧风格家具设计的精髓，注重从人体结构出发，讲究它的曲线如何与人体接触时达到完美的结合。

合理规划功能空间

室内的功能空间通常分为：客厅、餐厅、卧室、书房、厨房、卫浴、衣帽间、玄关、过道、楼梯、阳台。然而，合理的功能空间规划，可以提升空间使用的附加值。如客厅的合理规划，可以预留出家人运动的空间；餐厅的合理规划，不仅可以形成良好的进餐氛围，同时可以摆放下餐边柜等等。

🔍 客厅空间

客厅设计原则 ●●●●●

1. 区域划分合理，协调统一

客厅一般划分为就餐区、会客区和学习区。就餐应靠近厨房且用小屏风或人造矮墙隔断；学习区靠近客厅某一隅且大小适宜；会客区则要通道简洁、宽敞明亮，具备通透感。尽管没有明显的"三八线"界定，但客厅布局上要合理，保证会客区使用功能不受影响。同时，各个局部区域的美化格调要与全区的美化基调一致，使个性寓于共性之中，体现总体协调。

2. 色彩基调有区别又有联系

客厅装修要反映主人装修档次及艺术美感。一般学习区光线透亮，采用冷色，可以减弱学习疲劳；就餐区采用暖色使家人或亲友相聚时增加温馨感；而会客区既有不变的基调色彩，又要有因季节变换而变化的风景（如壁画）相配合，营造四季自然风光，给

客厅增锦添辉。

3. 地面装饰讲求统一，切忌分割

前几年，人们常常喜欢给不同区域地面赋予不同的材质和不同的"肤色"，表面上似乎很丰富，实际上有凌乱感。近年来，人们逐渐习惯于地面使用一种材质、一种"肤色"处理，收到较好效果。走入家门，便能感受到一室温馨，这是许多人对家的向往。多花点心思在客厅的装修上，让客厅成为您舒展个性的一处好地方，让它成为家的灵魂。

4. 客厅的多功能用途

为了配合家庭各种群体的需要，在空间条件许可下，可采取多用途的布置方式，分设聚谈、音乐、阅读、视听等多个功能区位，在分区原则上，对活动性质类似、进行时间不同的活动，可尽量将其归于同一区位，从

而增加活动空间，减小用途相同的家具的陈设。反之，对性质相互冲突的活动，则宜安排于不同的区位，或安排在不同时间进行。

5. 客厅面积宜大不宜小

由于客厅是全家人活动的公共空间，因此宜大不宜小。如果客厅面积不够大，不妨与餐厅或其他弹性空间做开放式结合，在整体上营造出一个大面积的家居空间，为家人创造出更多的活动空间。

装修技巧

异性客厅的设计

一、长条形客厅

可以将沙发和电视柜相对而放，各平行于长度较长的墙面，靠墙而放。再根据空间的宽度，选择沙发、电视、茶几等的大小。

二、三角形客厅

可以通过家具的摆放来弥补，使放置了家具以后的空间格局趋向于方正。另外，在用色上最好不要过深，要以保持空间的开阔与通透为主旨。

三、弧形客厅

选择客厅中弧度较大的曲面作为会客区；也可以在家具的选择上弥补空间缺憾。比如沿着弧形设置一排矮柜，可存放物品，既美观又有效利用了空间。

四、多边形客厅

可将多边形客厅改造成四边形客厅，有两种方法，一种为扩大后改造，即把多边形相邻的空间合并到多边形中进行整体设计；另一种为缩小方式，把大多边形割成几个区域，使每个区域达到方正的效果。

客厅三大面的设计要点 ●●●●●

1. 顶面

一般来讲，客厅吊顶按风格可以分为三大类：

◎ 中西合璧风格的吊顶，即在欧式风格中适当揉进中式风格，两种不同的文化都有不同的渊源，恰当地融会贯通能够让客厅的吊顶有现实的亲近感。

◎ 个性风格的吊顶，即把个性化的元素揉进吊顶中，展现独特的个性。

◎ 简约风格的吊顶，吊顶趋向简洁，吊顶面积较少，甚至是无吊顶。最常见的做法就是将顶面做简单的平面造型处理，采用现代的灯饰灯具，再配以精致的角线，可给人一种轻松自然的怡人风格。

2. 墙面

客厅的墙面对整个室内的装饰及家具都起着衬托作用，所以装饰不能过多过滥，应以简洁为好，色调最好用明亮的颜色。同时，应对一个主题墙进行重点装饰，以集中视线，表现家庭的个性及主人的爱好。

3. 地面

客厅地面铺设的材料选择的种类很多，如地砖、地板、大理石等。除了常见的地面铺设材料以外，表现力丰富、质感舒适的地毯也成了客厅空间不可缺少的用品。如果客厅空间较大，可以选择厚重、耐磨的地毯。面积稍大的地毯最好铺设到沙发下面，形成整体划一的效果。如果客厅面积不大，可选择面积大于茶几的地毯，亦可以选择圆形地毯。

客厅装修要注意的 7 个关键点

一、空间宽敞化

客厅的设计中，宽敞的感觉可以带来轻松的心境和欢愉的心情。

二、空间最高化

客厅是家居最主要的公共活动空间，无论是否做人工吊顶，都必须确保空间的高度。

三、景观最佳化

必须确保从各个角度所看到的客厅都具有美感，也包括从主要视点（沙发处）向外看到的室外风景的最佳化。

四、照明最亮化

客厅应是整个居室光线（不管是自然采光还是人工采光）最亮的地方。

五、风格普及化

客厅风格不宜过于标新立异，需被大众接受。

六、材质通用化

地面材质适用于绝大部分或全部家庭成员。如果在客厅铺设太光滑的砖材，则可能会对老人或小孩造成伤害或妨碍他们的行动。

七、动线最优化

家具摆放需合理，布局应顺畅，不要出现交叉动线。

装修解疑

小客厅该如何设计？

1. 实用为上

小客厅的设计重点是实用，不必追求外观的华丽或花哨，设计简洁的家具是小客厅的首选。组合式家具占地面积比较小，且功能齐全，同时也会让客厅呈现强烈的整体感。滚轮式的家具也是不错的选择，例如，选择带轮子的矮柜来作为茶几、边几或电视柜。这样，空间的利用率会大大增加，并且具有很强的变化性。

2. 大容量客厅柜

那种至少占据大半面墙的书架式客厅柜近年来成为小客厅的宠儿。一格一格的书架组成的书柜式客厅柜，可以雅致地存放一切物品，从书籍、陈列品、CD 和 DVD，到收藏餐碟、展示宽屏电视，一切都尽在其中。值得注意的是，选择这样的客厅柜最好在装修前就量好尺寸，为小客厅"量身定做"。

3. 巧用通透隔断

客厅的面积本身比较小，所以尽量减少实体间隔，多用些玻璃、搁架等通透隔断。一方面可以让整个空间更光亮，让客厅显得大些；另一方面，与其他房间的过渡更加自然，在视觉效果上，客厅向其他空间伸开来，整个客厅也显得更大。

4. 轻薄简化吊顶

简化客厅的吊顶就是一个打破空间局限的方法，以往的吊顶做得过厚，不适用于层高低的客厅，这时可以采用薄一点的石膏板吊顶，甚至不做吊顶，来加大空间的开阔感。

5. 合适比例沙发

沙发组合是占用客厅空间的主要家具，因此沙发组合的大小，在一定程度上决定了客厅是拥挤还是宽敞。小客厅空间受本身空间狭小的局限，沙发组合也不适宜选择过大、组合繁杂的样式。业主在选择时，沙发组合与客厅间的搭配，是比业主的喜好更重要的。因此，合适比例的沙发组合不仅不会令客厅产生拥挤感，而是令客厅间展现出协调的美感。

餐厅空间

餐厅的设计原则 ●●●●●●

1. 餐厅内布置应符合空间要求

在餐厅内，餐桌是其空间摆设的焦点，餐桌和椅子是整个用餐空间的主体。实木餐桌椅的纹理可以反映出主人的品位，而金属结合透明玻璃制成的餐桌则表现出怡人的现代风情。如果将餐桌配上桌布，并且经常调换不同质感和花色的桌布，还可以调节您的用餐环境。

2. 光线和色彩烘托餐厅氛围

较小的空间可以选用淡色调，如淡草绿色、淡米黄色等。餐厅靠墙一面，最好做一点台景，适当布置一点灯光，这样可以为餐桌定位，形成用餐区的视觉中心。同时，在餐厅内还可以配置一些鲜花（或仿真假花）、小饰品来进行点缀，如一套精美的餐具、一个玲珑剔透的酒杯等都会让人心动。

3. 餐边柜对于餐厅的作用

在餐厅里，除了必备的餐桌和餐椅之外，还可以配上餐饮柜，能够放一些我们平时需要用得上的餐具、饮料酒水以及一些对于就餐有辅助作用的物品，这样使用起来更加方便，同时餐柜也是充实餐厅的一个很好的装饰品。

餐厅设计要注意的 7 个关键点

一、顶面

应以素雅、洁净材料作装饰，如漆、局部木制、金属，并用灯具作衬托。

二、墙面

齐腰位置考虑用些耐磨的材料，尽量选择环保无害材料，如选择一些木饰、玻璃、镜子作局部护墙处理，营造出一种清新、优雅的氛围，以增加就餐者的食欲，给人以宽敞感。

三、地面

选用表面光洁、易清洁的材料，如大理石、地砖、地板等。

四、餐桌

方桌、圆桌、折叠桌、不规则形桌，不同的桌子造型给人的感受也不同。方桌感觉规正，圆桌感觉亲近，折叠桌感觉灵活方便，不规则形桌感觉神秘。

五、灯具

灯具造型不要繁琐，但要有足够的亮度。可以安装方便实用的上下拉动式灯具；把灯具位置降低；也可以用发光孔，通过柔和光线，既限定空间，又可获得亲切的光感。

六、绿化

餐厅可以在角落摆放一株你喜欢的绿色植物，在竖向空间上点缀以绿色植物。

七、装饰

字画、壁挂、特殊装饰物品等，可根据餐厅的具体情况选择。

餐厅的设计规划

●●●●●

餐厅 – 客厅一体式

把餐厅安排在客厅与厨房之间，是最为有利的安排，这样可缩短膳食供应和就座进餐的交通路线。餐厅和客厅之间可采用灵活的处理，可用家具、屏风、植物等分隔，或只做一些材质和颜色上的处理，总体要注意餐厅与客厅的协调统一。

餐厅 – 厨房一体式

这种布局上菜最为快捷方便，能充分利用空间。值得注意的是，烹调不能破坏进餐的气氛，就餐也不能使烹调变得不方便。因此，两者之间需要有合适的隔断，或控制好两者的空间距离。另外，餐厅应设有集中照明灯具。

独立餐厅

这种餐厅是一个四壁围合的独立空间。一般贴墙放置酒柜及装饰柜，餐桌椅独立居中，呈环形布局，多用于使用面积较大的居室空间。

 装修解疑

狭小的客餐厅空间，如何处理才会不显拥挤？

如果客厅和餐厅共同挤在不到 15 平方米的空间里，就一定要注意小空间的功能分区。对于这种情况，只要根据自己的实际需要设计，用电视柜、沙发的围合形成会客区，并在客厅与餐厅中间加以适当的隔断区分即可。对于和餐厅共处一室的客厅而言，好处之一就是方便聚会。因为可以把餐厅的椅子搬到客厅，只要客厅有地方，朋友们都可以找到自己的座位。如果空间有限，还可以把大茶几换成小茶几，这样又能增加一些使用空间。

卧室空间

卧室的设计原则 ●●●●●

1. 卧室材料应具有吸音性

卧房应选择吸音性、隔音性好的装饰材料，其中触感柔细美观的布贴，具有保温、吸音功能的地毯都是卧室的理想之选。而像大理石、花岗石、地砖等较为冷硬的材料都不太适合卧室使用。

2. 次卧室的学习区设计

一般情况下，次卧室处于居室空间中部，和主卧室一样也具有一定的私密性和封闭性。次卧室的主要功能是睡眠和学习，此外，次卧室的居住者一般都处在求学期，所以学习区的设计很重要，要考虑书桌、电脑桌的空间设定。

3. 主卧室应具有广泛的实用功能

主卧室一般处于居室空间最里侧，具有一定的私密性和封闭性，其主要功能是睡眠和更衣。此外还应设有储藏、娱乐、休息等空间，可以满足各种不同的需要。所以，主卧室实际上是具有睡眠、娱乐、梳妆、盥洗、读书、看报、储藏等综合实用功能的空间。

4. 斜顶卧室设计

这类卧室一般在顶层，面积不大，斜顶中凹陷一大块面积形成天窗，也称"老虎窗"，通风和采光的条件都不错。房梁上加一段弧形吊顶，能很好地缓解视觉上的压迫感，为天窗加上质好耐看的窗帘，既能美化卧室意境，又能起到防风遮光的效果。或者用一些抢眼的壁纸来装饰墙面，能把人的注意力集中在墙面上，而忽略了空间本身的不足之处。

5. 弧形卧室设计

弧形卧室的落地窗一般都很大，层高也比较高，卧室的采光条件很好。但是，圆弧形的空间不好摆放卧室的家具，方正的家具在卧室中多少会让人感觉不太协调。可将弧形的落地窗加上弧形的木窗格或帷幔，以突出弧形卧室的特点。如果弧形房顶的边沿能再装上小射灯，令弧线形光线在空间中交相辉映，将会获得更好的效果。

装修技巧

卧室三大层面的设计

一、顶面设计

卧室的顶面装饰是卧室装饰设计的重点环节之一，一般以简洁、淡雅、温馨的色系为好。色彩应以统一、和谐、淡雅为宜，对局部的原色搭配应慎重，否则，过于强烈的对比会影响人休息和睡眠的质量。一般来说，卧室的颜色大多是自上而下，由浅到深，给人一种稳定感，相反则容易给人一种头重脚轻的不稳定感。

二、地面设计

地面的材料

地面与人体接触的时间最长，不同材质的地面会带给人不同的感觉。实木地板、复合地板在卧室中应用较多。除了这些地板外，一些年轻家庭也喜欢用瓷砖贴铺地板，因为它们打理起来很方便。

地板的颜色

地板颜色要与整体空间的颜色相协调。深色的地面有着很强的感染力，会让空间充满个性。浅色地面很适合现代简约风格的卧室。值得注意的是，如果家具也是深色的话，一定要慎用深色地板，以免让人感觉压抑。

地砖的质感

选择在卧室铺贴瓷砖一定要注意瓷砖带给人的感觉不要过于硬朗，反光度不要太高，以免造成卧室的光污染。其次最好在卧室的局部铺贴地毯，以增加地面的柔软度。

三、墙面设计

卧室的墙面

卧室的色调应该以宁静、和谐为主旋律，不宜追求过于浓烈的色彩。光线比较充足的卧室，可选中性偏冷色调的墙面，如湖绿色、浅蓝色、灰色等。室内光线较暗淡的，可选中性偏暖的颜色，如米黄色、亮粉、红色等。

墙面材料

墙面材料选择范围比较广泛，任何色彩、图案、冷暖色调的涂料、壁纸、壁布均可使用。值得注意的是，面积较小的卧室，材料选择的范围要相对小一些，小花、偏暖色调、浅淡的图案较为适宜。

墙面材质与家具配饰的搭配

卧室墙面要考虑墙面材质与卧室其他家具、饰品材质的搭配，以获取卧室环境中质地上的粗与细、无光与有光、平滑与凹凸、无花纹与带图案等的对比效果，体现材料配置的美感。

▪▪▪ 卧室装修合理分区的方式 ▪▪▪

睡眠区

　　放置床、床头柜和照明设施的地方，这个区域的家具越少越好，可以减少压迫感，扩大空间感，延伸视觉。

梳妆区

　　由梳妆台构成，周围不宜有太多的家具包围，要保证有良好的照明效果。

休息区

　　放置沙发、茶几、音响等家具的地方，其中可以多放一些绿色植物，不要用太杂的颜色。

阅读区

　　主要针对面积较大的房型，其中可以放置书桌、书橱等家具，位置应该在房间中最安静的一个角落，才能让人安心阅读。

▪▪▪ 卧室飘窗的设计方案 ▪▪▪

飘窗变身卧榻

　　面积够大的飘窗，用垫子和靠枕可以打造一个可坐可卧的舒适空间，应尽量使用与卧室色调相近的浅色布艺品。

飘窗变身娱乐室

　　仅需在飘窗上放置两个榻榻米的圆垫子，或者加个小桌子，就可以轻松成为喝茶、下棋、聊天的好地方。

飘窗变身收纳区

　　可以利用飘窗下部的空间制作成收纳柜，收纳日常生活中的零碎物品，同时飘窗上的空间也可以摆放布绒玩具等温馨的装饰品或是书籍。

飘窗变身工作室

　　飘窗的高度一般都在及膝处，所以搭配一款可移动的边桌，就可以坐在飘窗看看书、饮饮茶，高度正好，搭配也简单。

书房空间

书房的设计原则

1. 书房材料应具有隔音性

书房要求安静的环境，因此要选用那些隔音、吸音效果好的装饰材料。如吊顶可采用吸音石膏板吊顶，墙壁可采用 PVC（聚氯乙烯）吸音板或软包装饰布等装饰材料，地面则可采用吸音效果佳的地毯；窗帘要选择较厚的材料，以阻隔窗外的噪声。

2. 玻璃的运用令书房更加明亮

对于一般的家庭来说，由于居室布局和面积的限制，书房往往不是采光和通风条件最好的房间，要是沿用以往的一般设计方法，书房往往容易给人过于沉重和压抑的感觉。

因此不妨在书房中多采用玻璃材质，立刻就能营造出一种活泼跳跃的氛围。业主不仅可以在里面读书阅报、上网工作，也可以透过玻璃和家人进行视觉沟通，让亲情时刻萦绕空间，从而为家人带来惬意的享受。

3. 书房应增加会客与休息功能

家中的会客空间一般设置在客厅，除此之外，书房的气质与功能也很适合作为会客空间。因此，不妨在书房中安排一副沙发，如果有条件还可以设置茶几，以作临时的会客区；此外，如果书房的面积够大，则可以摆放一张睡床，作为临时的休息空间。

书房的设计规划

1. 书房的空间位置

书房作为工作、学习、私密会客的场所，需要一个安静的环境，在空间布置上，不宜与其他空间大面积相通，应设在一个单一封闭的空间内，避免喧闹，保持清静，提高功能使用效率。例如在卧室中开辟一处安置书房，应采用书柜、衣柜或较厚的隔断分开，避免相互妨碍；也有家庭将客厅和书房同设于一个空间中，但有主次之分，或是以书房为主兼会客，或是以团聚为主兼工作、学习。

2. 书房的布置形式

书房内家具主要由书柜、书桌、电脑桌、靠背椅等构成，在较宽敞的书房内还可设置沙发床、储藏柜等，以满足其他生活起居要求。单一的书房空间比较窄小，布置形式要因地制宜，主要以书柜和书桌为主，列出合理的位置关系。一般有下列几种布置形式：

T 形	将书柜布满整个墙面，书柜中部延伸出书桌，而书桌却与另一面墙之间保持一定距离，成为通道。这种布置适合于藏书较多、开间较窄的书房
L 形	书桌靠窗放置，而书柜放在边侧墙处，工作、学习时取阅方便，中间预留空间较大
并列形	墙面满铺书柜，作为书桌后的背景，而侧墙开窗，使自然光线均匀投射到书桌上，清晰明朗，采光性强，但取书时需转身，可使用转椅
活动形	书柜与书桌不固定在墙边，可任意摆放，任意旋转，十分灵活。适合追求多变生活方式的年轻人

书房设计要注意的 7 个关键点

一、墙面

适合上亚光涂料，壁纸、壁布也很合适，可以增加静音效果，避免眩光，让情绪少受环境影响。

二、地面

最好选用地毯，这样即使思考问题时踱来踱去，也不会发出令人心烦的噪声。

三、照明

采用直接照明或半直接照明方式，光线最好从左肩上端照射到书桌上，或在书桌前方放置高度较高又不刺眼的台灯。宜用旋臂式台灯或调光的艺术台灯，使光线直接照射在书桌上。

四、温度

书房中有电脑和书籍，房间温度最好控制在 0 ～ 30℃。

五、通风

书房里有较多的电子设备，需要良好的通风环境。门窗应能保障空气对流畅顺，其风速的标准可控制在 1 米 / 秒左右，有利于电脑等设备的散热。

六、软装

书房是家中文化气息最浓的地方，不仅要有各类书籍，许多收藏品，如绘画、雕塑、工艺品都可装饰其中，塑造浓郁的文化气息。

■■■■■ 书房类型简介 ■■■■■

半开放式书房

家中不能单辟一个房间来做书房，可选择半开放式书房。在客厅的角落，或餐厅与厨房的转角，或卧室里靠落地窗的墙面放置书架与书桌，自成一隅，却也与家里的空间和谐共处。

独立式书房

独立书房受其他房间的影响较小，学习和工作效率较高，适合藏书、工作和学习。

🔍 厨房空间

厨房的设计原则 ●●●●●

1. 厨房设计步骤应遵循一定顺序

设计时需要先确定煤气灶、水槽和冰箱的位置，然后再按照厨房的结构面积和业主的习惯、烹饪程序安排常用器材的位置，可以通过人性化的设计将厨房死角充分利用。例如，通过连接架或内置拉环的方式让边角位也可以装载物品；厨房里的插座均应在合适的位置，以免使用时不方便；门口的挡水应足够高，防止发生意外漏水现象时水流进房间；对厨房隔墙改造时，需要考虑防火墙或过顶梁等墙体结构的现有情况，做到"因势利导，巧妙利用"。

2. 厨房设计应注意材料的高低搭配

厨房的装修材料最好沿用传统的选择方式，地面、墙面多采用瓷砖，其他家具采用密度板材，这样在满足使用功能的前提下，可以有更多的范围充分选择材料的高低搭配，从而节省装修费用。

3. 厨房可以增加洗涤功能

目前大多数人通常把洗衣机放在卫浴间内，但是由于卫浴间的湿度较大，不适宜洗衣机的存放，以免缩短使用寿命。因此可以选择在厨房里设计放洗衣机的位置，既解决了上下水的问题，又因为厨房中一般都有抽油烟机，而不需要担心油污的问题。

 装修建议

厨房家具的合理高度

一、工作台高度依人体身高设定，最佳高度为 800 ~ 850 毫米。

二、工作台面与吊柜底的距离需 500 ~ 600 毫米。

三、橱柜的高度以适合最常使用厨房者的身高为宜。

四、吊柜的最佳距地面高度为 145 厘米，为了在开启时使用方便，可将柜门改为向上折叠的气压门。吊柜的进深也不能过大，40 厘米最合适。

五、放双眼灶的炉灶台面高度最好不超过 600 毫米。

六、抽油烟机的高度以使用者身高为准，而抽油烟机与灶台的距离不宜超过 60 厘米。

厨房的不同类别

●●●●●

1. 厨房的不同类别

把所有的工作区都安排在一面墙上，通常在空间小且狭窄的情况下采用。这样的布局使得所有工作都在一条直线上完成，节省了空间。但如果工作台太长的话，就会降低工作效率，建议把长度控制在 2 米以内。

2. L 形厨房设计

将台柜、设备贴在相邻墙上连续布置，一般会将水槽设在靠窗台处，而灶台设在贴墙处，上方挂置抽油烟机。这种形式较符合厨房操作流程，从水槽到灶台之间使用 L 形台面连接，转角浮动较小，结构紧凑，一般用于长宽相似的封闭型厨房。

3. U 形厨房设计

工作区共有两处转角，和 L 形的功用大致相同，但对空间的要求较大。洗菜盆最好放在 U 形底部，并将配料区和烹饪区分设两旁，使洗菜盆、冰箱和灶台连成一个正三角形。U 形之间的距离以 1.2~1.5 米为准，使三角形总长、总和在有效范围内。U 形设计可配置更多的存放空间，加强橱柜的使用功能。

4. 走廊型厨房设计

将工作区安排在两边的墙面上，通常将清洁区和配菜区安排在一起，而烹调区安排在另一边。另外，这种设计也能接收从窗户投洒进来的太阳光，光洁的瓷砖地面能够反射室外的阳光。

5. 岛型厨房设计

在较为开阔的 U 形或 L 形厨房的中央，设置一个独立的灶台或餐台，四周预留可供人流通的走道空间。在中央独立形的橱柜上可单独设置一些其他设施，如灶台、水槽、烤箱等，也可将岛型橱柜作为餐台使用。

6.变化型厨房设计

根据四种基本形态演变而成,可依空间及个人喜好有所创新。将厨台独立为岛型,是一款新颖而别致的设计。在适当的地方增加台面设计,便于家人在备餐时交流,让厨房成为另一个家居休闲空间。

 装修解疑

厨房没有窗户怎样设计?

厨房里没有窗户,则会产生很重的油烟,并会影响厨房的光线,进而影响家人的健康。因此没有窗户的厨房必须特别注意排油烟,推荐用集成无烟灶,集成无烟灶把抽油烟机和燃气灶的功能集成一体,吸油烟的效果更有保障,还节约了空间。

厨房设计要注意的 5 个关键点

一、顶面

材质首先要重防火、抗热。以防火的塑胶壁材和化石棉为不错的选择,设置时须配合通风设备及隔音效果。

二、墙面

以方便、不易受污、耐水、耐火、抗热、表面柔软,又具有视觉效果的材料为佳。PVC壁纸、陶瓷墙面砖、有光泽的木板等,都是比较适合的材质。

三、地面

地面宜用防滑、易于清洗的陶瓷块材地面;另外,人造石材价格便宜,具有防水性,也是厨房地板的常用建材。

四、照明

灯光需分两个层次,一个是对整个厨房的照明,另一个是对洗涤、准备、操作区的照明。

五、其他

厨房首重实用,不能只以美观为设计原则;在设计上首先要考虑安全问题,另外也要从减轻操作者劳动强度、方便使用来考虑。

 **卫浴空间**

卫浴间的设计原则 ●●●●●●

1. 卫浴材料应防潮

由于卫浴空间是家里用水最多、也是最潮湿的地方，因此其使用材料的防潮性非常关键。卫浴间的地面一般选择瓷砖、通体砖来铺设，因其防潮效果较好，也较容易清洗；墙面也最好使用瓷砖，如果需要使用防水壁纸等特殊材料，就一定要考虑卫浴间的通风条件。

2. 合理布局节省空间

卫浴间的布局要根据房间大小、设备状况而定。有的业主把卫浴间的洗漱、洗浴、洗衣、排便等功能组合在同一空间中，这种办法节省空间，适合小型卫浴间。还有的卫浴间较大，或者是长方形，就可以用门、帐幕、拉门等进行隔断，一般是把洗浴与排便功能放置于一间，把洗漱、洗衣功能放置另一间，这种两小间分割法，比较实用。

3. 合理装修避免问题

卫浴间使用时湿气较大，顶、墙、地面的装饰材料均可与厨房相同。但色彩可明亮洁净，让狭窄的空间显得开阔。电线不宜明装，应埋设至墙内，电源插座应安装防护盖，电器的安装存放应远离洗浴区，防止漏电。燃气热水器不得安装在卫浴间内，电热水器不得安装在吊顶内侧。

 装修建议

卫浴间地漏设计四大要点

一、地漏水封高度要达到 50 毫米，才能不让排水管道内的气泛入室内。

二、地漏应低于地面 10 毫米左右，排水流量不能太小，否则容易造成阻塞。

三、如果地漏四周很粗糙，则容易挂住头发、污泥，造成堵塞，还特别容易繁殖细菌。

四、地漏箅子的开孔孔径应该控制在 6~8 毫米，这样才能有效防止头发、污泥、沙粒等污物进入地漏。

卫浴间的设计规划

1. 斜顶卫浴间设计规划

这类卫浴间要根据空间的实际情况合理地安排洁具，功能区的划分应根据倾斜的程度而定。如果卫浴间是全落地式斜顶或斜顶下方特别低，不妨选择适合的浴缸，这样能避免倾斜的角度，大大提高空间的舒适性；如果空间足够大，人在斜顶下还可以站立活动，可选择墙式坐便器，再在墙面上设置一些收纳格，用来存放卫浴用品，从而提高空间的利用率。

2. 狭长型卫浴间设计规划

这类卫浴间设计的难度比较大，虽然面积不小，但是由于宽度有限，洁具的摆放会受到一定的限制。想要解决这一问题，最好的办法就是选择一些特种洁具，例如嵌入式的浴缸、向一侧倾斜的坐便器、向内凹陷的洗脸盆等。这样的空间，收纳问题也不容易解决，因为安装卫浴柜会占据空间。不妨在一面墙上挖凹槽，制作出搁物台。

3. 多边形卫浴间设计规划

这类卫浴间总是有个角落与众不同，如果没有很好地规划，很难加以利用。如果空间比较小，不妨将不规则的一角作为淋浴室，然后用玻璃或浴帘作隔断，让余下的空间显得更为完整。如果卫浴间面积比较大，可选择一些造型独特的洁具，让它们成为空间的装饰，从而吸引人的注意力。

4. 集中型卫浴间设计规划

将卫浴间内各种功能集中在一起，一般用于面积较小的卫浴间。如洗脸盆、浴缸、坐便器等分别贴墙放置。

5. 分设型卫浴间设计规划

将卫浴间中的各主体功能单独设置，分间隔开，如洗脸盆、坐/蹲便器、浴缸、洗衣机、储藏柜分别设在不同的单独空间里，减少彼此之间的干扰。使用时分工明确、效率高，但所占据的空间较多，对房型也有特殊要求。

装修解疑

卫浴间中该选浴缸，还是淋浴房？

许多家庭装修卫浴间时都会考虑是安个浴缸还是装个淋浴房，虽然它们的功能差不多，但实际应用中还是存在着很大的差别。其一为方便程度不一样，浴缸因需经常擦拭，而比较麻烦，淋浴房则无须经常清洁；其二从节约的角度讲，泡浴的耗水量较大，而淋浴用水较少；其三从空间的角度考虑，浴缸占用的空间较大且位置固定，淋浴房则占地少，位置也很灵活；此外浴缸的造价相对而言比淋浴要高，且安装较复杂。因此对于普通家庭而言，选淋浴方式更为合适。

卫浴间中的三大件该如何合理摆放？

合理安排洗脸盆、坐便器、淋浴间这"卫浴三大件"的基本方法为从卫浴间门口开始，逐渐深入。其中，最理想的布局方式是洗脸盆向着卫浴间门，而坐便器紧靠其侧，把淋浴间设置在最里端。这样无论从实用、功能还是美观上来说，都是最为科学的设计。

卫浴间设计要注意的 5 个关键点

一、顶面

多为 PVC 塑料、金属网板或木格栅玻璃、原木板条吊顶。

二、墙面

可为艺术瓷砖、墙砖、天然石材或人造石材。

三、地面

地面材料要防滑、易清洁、防水，故一般地砖、人造石材或天然石材居多。

四、通风

卫浴间容易积聚潮气，所以通风特别关键。选择有窗户的明卫最好；如果是暗卫，需装一个功率大、性能好的排气换气扇。

五、软装

绿色植物与光滑的瓷砖在视觉上是绝配，所选绿植要喜水不喜光，而且占地较小，最好只在窗台、浴缸边或洗手台边占一个角落。

玄关空间

玄关的三种分类

独立式玄关	面积较大，可选择多种装修形式进行处理。一般设计一整面墙体设置鞋柜和装饰柜，且柜体功能多样，能满足储藏、倚坐等多项起居需求，功能性较强
邻接式玄关	与客厅相连，没有较明显的独立区域。可使其形式独特，但要考虑风格形式的统一，装饰柜及鞋柜不宜完全阻隔，这样的话，在视觉上可融为一体
包含式玄关	玄关包含于客厅之中，稍加修饰，就可成为整个厅堂的亮点，既能起分隔作用，又能增加空间的装饰效果

玄关设计要注意的 5 个关键点

一、顶面

必须与客厅的吊顶结合起来考虑。可以是自由流畅的曲线；也可以是层次分明、凹凸变化的几何体；还可以是大胆露骨的木龙骨，上面悬挂点点绿意。

二、墙面

配色最好以中性偏暖的色系为宜，常用材料为壁纸和乳胶漆。

三、地面

玄关地面是家里使用频率最高的地方，其材料要具备耐磨、易清洗的特点，一般常用铺设材料有玻璃、木地板、石材或地砖等。

四、灯光

玄关照明要避免只依靠一种光源提供照明，应体现出层次感。

五、软装

软装选择要少而精，并且体积不宜过大。

 装修解疑

空间有限，没法设玄关，但又不想放弃遮挡，怎么办？

现代都市的住宅普遍面积狭窄，若再设置传统的大型玄关，则明显会感觉空间局促，难以腾挪，所以折中的办法是用玻璃屏风来做间隔，这样既可防止外气从大门直冲入客厅，同时也可令狭窄的玄关不显得太逼仄。

🔍 过道空间

1. 过道的三种设计方案

封闭式且狭长的过道

可在过道末端做观景台，也可以借助造型打破格局，如做弧形边角处理，增加墙面变化来吸引注意力。

开放式且宽敞的过道

可以从顶面和地面来区分它的空间，做顶面、地面造型或材质的呼应，也可以在地面做地花引导，来凸显过道的功能。

半开放式且宽敞的过道

墙面可作为设计重点，通过材质的凹凸变化，丰富的色彩和图案等增加过道的动感。

2. 利用镜子避免过道过于狭长

过道应尽量避免狭长感和沉闷感。如果过道较窄，可考虑"以墙为镜"，即在过道的一面墙壁上镶嵌镜子，在视觉上来扩大过道的空间。最好的方式是在墙面上镶一块较宽大的花色玻璃镜面，四周用银白色铝合金条镶框，由于镜面玻璃是不着地的，在镜面墙脚端放些盆花加以衬托，形成上下对景呼应。

3. 留白处理可以使过道更显宽敞

令过道看起来更宽敞，可以采用留白的方式。留白，顾名思义就是留下相应的空白；如果将这种手法运用到家居设计中，不仅可以从视觉和心理上给人留有余地，而且还非常吻合如今流行的"可持续发展"概念。"留白"手法在家居设计中非常适合运用在像过道这种小空间中，既可以在视觉上拓宽维度，又能为家居环境塑造出整洁的"容颜"。

 装修建议

过道设计的注意事项

一、过道不宜设在房屋中间，这样会将房子一分为二。

二、过道不宜超过房子长度的三分之二。

三、过道不宜占地面积太多，过道大，房子的使用面积自然会减少。

四、过道不宜太窄，宽度通常为 90 厘米；这样的过道两人同时过还会稍嫌过窄，因此 1.3 米是最为合适的。

楼梯空间

楼梯的形态分类

直梯

最为常见，也最为简单；但占用的空间较多，小型公寓房中用得较少。

L 形楼梯

如果阁楼开口较小，建议选用紧凑型 L 形梯，其踏板长度仅为 60 厘米。小公寓房中选用较多的为带拐角的 L 形梯。

U 形楼梯

U 形梯占用空间较大，适用于大面积居室。

弧形梯

以曲线来实现上下楼的连接，显得美观，可以做得很宽，是行走起来最为舒服的一种楼梯。

旋梯

空间的占用最小，盘旋而上的蜿蜒趋势也增添了空间美观度。

楼梯设计要注意的 4 个关键点

一、环保性

如同所有家具一样，楼梯也可能挥发有害化学物质，因此在选择材料时，要选择环保材料。

二、安全性

楼梯的安全性首先体现在其承重能力上；其次楼梯的所有部件应光滑、圆润，没有突出的、尖锐的部分，以免对家人造成伤害。

三、舒适性

如果采用金属作为楼梯的栏杆扶手，最好在金属的表面做一下处理，以防止金属在冬季时的冰冷不适之感。

四、美观性

楼梯的风格要与整个家居的装饰相协调。

 装修解疑

小空间中应该怎样设计楼梯？

如果居室的空间不大，可以考虑 L 形或螺旋式楼梯，并且在材料和样式上都应该以视觉轻、透、现代感强的为宜。楼梯踏板最好不要做封闭处理。这样的设计可以为空间带来视觉上的开阔感，于无形中放大了空间的面积。

🔍 阳台空间

1. 开放式阳台优缺点对比

优点

① 拥有开放式阳台，就表示可以尽情地享受阳光雨露。晒衣物、通风，一切随意；② 商品房阳台销售面积的计算一般根据阳台是否封闭分别进行：封闭式阳台的面积按 100% 计算，开放式阳台面积按 50% 计算，因此开放式阳台更省钱；③ 可以对自己的阳台进行精心布置，让阳台成为别具风格的小花园，带来亲近自然的室内环境。

缺点

① 天气冷、雨雪天气时，人都不宜待在阳台，受天气影响大；② 受外界的噪声、烟尘污染影响大。

2. 封闭式阳台优缺点对比

优点

① 阳台封闭后，多了一层阻挡尘埃和噪声的窗户，有利于阻挡风沙、灰尘、雨水、噪声的侵袭，可以使相邻居室更加干净、安静；② 在北方冬季可以起到保暖作用；阳台封闭后可以作为写字读书、健身锻炼、储存物品的空间；③ 可作为居住的空间，等于扩大了卧室或客厅的使用面积，增加了居室的储物空间。

缺点

① 阳台封闭后影响了阳光直接照射房间，不利于室内杀菌；② 不利于空气流通；③ 使居室与外界隔离，阳台顾名思义是乘凉、晒太阳的地方，封闭之后人就缺少了一个直接享受阳光、呼吸新鲜空气、望远、纳凉乃至种花养草的平台。

阳台设计要注意的 4 个关键点

一、顶面

有多种做法，葡萄架吊顶、彩绘玻璃吊顶、装饰假梁等；但阳台面积较小时，可不用吊顶，以免产生向下的压迫感。

二、墙面

阳台墙面既可以不做装饰，也可以设计花架，塑造一面鲜花墙，或用木材来做造型。

三、地面

内阳台地面铺设与房间地面铺设一致可起到扩大空间的效果。

四、栏杆和扶手

为了安全，沿阳台外侧设栏杆或栏板，高约 1 米，可用木材、砖、钢筋混凝土或金属等材料制成，上加扶手。

精打细算选对材料

　　没有最好的材料，只有最符合空间性价比的材料。因此，全面地了解家庭装修材料，有助于业主选择到符合自己性价比的装修材料。装修材料小到五金挂件，大到门具、地砖、木板，无一不是需要详细了解的。然而，做到装修材料明晰于心，才能选到心仪、合适的材料。

装饰石材

大理石　　●●●●●

1. 大理石的特点

① 大理石具有花纹品种繁多、色泽鲜艳、石质细腻、吸水率低、耐磨性好的优点。

② 大理石属于天然石材，容易吃色，若保养不当，易有吐黄、白华等现象。

③ 大理石具有很特别的纹理，在营造效果方面作用突出，特别适合现代风格和欧式风格。

④ 大理石多用在家居空间，如墙面、地面、吧台、洗漱台面及造型面等；因为大理石的表面比较光滑，不建议大面积用于卫浴间地面，以免让人摔倒。

⑤ 大理石的价格依种类不同而略有差异，一般为 150~500 元 / 平方米，品相好的大理石可以令家居变身为豪宅。

2. 不同材质的大理石可以展现多样化空间

　　大理石的主要成分是碳酸钙，碳酸钙是天然大理石的固结成分。某些黏性矿物质在石材形成过程中与碳酸钙结合，从而形成绚丽的色彩。大理石的颜色千变万化，大致可分为白、黑、红、绿、咖啡、灰、黄 7 个系列，其中变化最丰富的是黄色系，其色泽温和，令人感觉温暖而忘记石材的冰冷，而且黄色代表贵气和财富，既符合流行又经久耐看。此外大理石的表面还会呈现分布不均、形状大小各异的纹理，有云雾型、山水型、雪花型、图案型（如柳叶、螺纹、古生物）等。除了大理石天然的纹理，大理石的切割也会影响纹理。不同的纹理造就大理石不同的艺术效果，令家居空间更具多样化。

3. 拼花大理石的艺术感

大理石拼花在欧式家居中被广泛应用于地面、墙面、台面等装饰，以其石材的天然美（颜色、纹理、材质）加上人们的艺术构想而"拼"出一幅幅精美的图案，体现出欧式风格的雍容与大气。其中大理石拼花在欧式玄关地面的运用最为广泛。

各类大理石对比

	特点	产地	元 / 平方米
黑金沙大理石	吸水率低，硬度高，比较适合当做过门石	印度	160~200
莎安娜米黄大理石	耐磨性好，不易老化，比较适合用在地面墙面	土耳其	≥300
橘子玉大理石	纹路清晰，平整度好，具有光泽，适合用在酒店等高级场所	土耳其	1000~1500
红花紫玉大理石	如天然的山水画，光泽度好，纹理千变万化，适合用作背景墙装饰	土耳其	900~1500
中花白大理石	质地细密，放射性元素低，适合用作柱子、台面装饰	中国福建	≥250
红龙玉大理石	容易加工，杂质少，适合用作台面装饰	广东	≥200
啡网纹大理石	品种多，质地优，光泽度好，适合用作地面装饰	西班牙	≥250
金碧辉煌大理石	硬度低，容易加工，适合用作台面装饰	埃及	≥150

保养方法

大理石的保养方法

① 时常给大理石除尘，可能的话一天一次，清洁时少用水，以微湿带有温和洗涤剂的布擦拭，然后用清洁的软布抹干、擦亮，使其恢复光泽。

② 可用液态擦洗剂仔细擦拭，如用柠檬汁或醋清洁污痕，但柠檬停留在上面的时间最好不超过 2 分钟，必要时可重复操作，然后清洗并擦干。

③ 应注意防止铁器等重物磕砸石面，以免出现凹坑，影响美观。

④ 轻微擦伤可用专门的大理石抛光粉和护理剂；磨损严重的大理石，可用钢丝绒擦拭，然后用电动磨光机磨光，使其恢复原有的光泽。

⑤ 用温润的水蜡保养大理石的表面，既不会阻塞石材细孔，又能够在表面形成防护层，但是水蜡不持久，最好可以 3 ~ 5 个月保养一次。

⑥ 2~3 年最好为大理石重新抛光。

⑦ 如果大理石的光泽变暗淡，修复的方法只有一个，那就是重新研磨。

 选购技巧

大理石选购小常识

一、色调基本一致、色差较小、花纹美观是大理石优良品质的具体表现，否则会严重影响装饰效果。

二、优质大理石板材的抛光面应具有镜面一样的光泽，能清晰地映出景物。

三、大理石最吸引人的是其花纹，选购时要考虑纹路的整体性，纹路颗粒越细致，代表品质越佳；若表面有裂缝，则表示日后有破裂的风险。

四、用硬币敲击大理石，声音较清脆的表示硬度高，内部密度也高，抗磨性较好；若是声音沉闷，就表示硬度低或内部有裂痕，品质较差。

五、用墨水滴在表面或侧面上，密度越高越不容易吸水。

六、在购买大理石时要求厂家出示检验报告，并应注意检验报告的日期，同一品种的大理石因其矿点、矿层、产地的不同，其放射性高低存在很大差异，所以在选择或使用石材时不能只看一份检验报告，尤其是工程上大批量使用时，应分批或分阶段多次检测。

人造石材 ●●●●●

1. 人造石的特点

① 人造石材功能多样，颜色丰富，造型百变，应用范围更广泛。

没有天然石材表层的细微小孔，因此不易残留灰尘。

② 人造石由于为人工制造，因此纹路不如天然石材自然，不适合用于户外，易褪色，表层易腐蚀。

③ 人造石材的花纹及样式较为丰富，因此可以根据空间风格选择适合的人造石材进行装点。

④ 人造石材常常被用于台面装饰，但由于人造石材的硬度比大理石略高，因此也很适合用于地面铺装及墙面装饰。

⑤ 人造石材的价格依种类不同而略有差异，一般为 200 ~ 500 元 / 平方米。

2. 人造石材的运用

人造石兼备大理石的天然质感和坚固的质地，以及陶瓷的光洁细腻和木材的易加工性，因此被普通运用于橱柜台面、卫浴台面、窗台、餐台、写字台、电脑台和酒吧台等。人造石材的运用和推广，标志着装饰艺术从天然石材时代进入了一个崭新的人造石材新时代。

3. 人造石材的卫浴洁具

人造石洁具、浴缸，打造出个性化的卫浴间，是卫浴空间的点睛之笔。它具有丰富的表现力和塑造力，提供给设计师源源不断的灵感。无论是凝重沉稳的朴素风格，还是简洁的时尚现代风格，健康环保的人造石卫浴产品，都有它的独到之处。

 保养方法

人造石材的保养方法

① 人造石材的日常维护只需用海绵加中性清洁剂擦拭，就能保持清洁。

② 若要对人造石材消毒，可用稀释后的日用漂白剂（与水调和 1∶3 或 1∶4）或其他消毒药水来擦拭其表面。消毒后用毛巾及时擦去水渍，尽量保持台面的干燥。

③ 哑光表面的人造石材可用去污性清洁剂以画圆方式打磨，然后清洗，再用干毛巾擦干。可以每隔一段时间就用百洁布把整个台面擦拭一遍，使其保持表面光洁。

④ 半哑光表面的人造石材用百洁布蘸非研磨性的清洁剂以画圆方式打磨，再用毛巾擦干，并用非研磨性的抛光物来增强表面光亮效果。

⑤ 高光表面的人造石材可用海绵和非研磨性的亮光剂打磨。特难除去的污垢，可用 1200 目的砂纸打磨，然后用软布和亮光剂（或家具蜡）提亮。

各类人造石对比

	特点	应用	元 / 平方米
极细颗粒	没有明显的纹路，但石材中的颗粒感极细，装饰效果非常美观	可用作墙面、窗台及家具台面或地面的装饰	≥350
较细颗粒	颗粒感比极细颗粒粗一些，有的带有仿石材的精美花纹	可用作墙面或地面的装饰	≥360
适中颗粒	较常见，价格适中，颗粒感大小适中，应用较广泛	可用作墙面、窗台及家具台面或地面的装饰	≥270
有天然物质	含有石子、贝壳等天然物质，产量较少，价格比其他品种贵	可用作墙面、窗台及家具台面的装饰	≥450

 选购技巧

人造石材选购小常识

一、颜色清纯不混浊，通透性好，表面无类似塑料的胶质感，板材反面无细小气孔。

二、通常纯亚克力的人造石性能更佳，纯亚克力人造石在120℃左右可以热弯变形而不会破裂。

三、鼻闻无刺鼻化学气味，亚克力含量越高的人造石台面越没有味道。

四、手摸人造石样品表面有丝绸感、无涩感，无明显高低不平感。

五、用指甲划人造石材的表面，应无明显划痕。

六、可采用酱油测试台面渗透性，无渗透为优等品；采用食用醋测试是否添加有碳酸钙，不变色、无粉末为优等品；采用打火机烧台面样品，阻燃、不起明火的为优等品。

装饰板材

石膏板 •••••

石膏板的特点

① 石膏板具有轻质、防火、加工性能良好等优点，而且施工方便、装饰效果好。

② 石膏板受潮会产生腐化，且表面硬度较差，易脆裂。

③ 石膏板的分类广泛，不同种类适用于不同的家居环境。如平面石膏板适用于各种风格的家居；而浮雕石膏板则适用于欧式风格的家居。

④ 不同品种的石膏板使用的部位也不同。如普通纸面石膏板适用于无特殊要求的部位，像室内吊顶等；耐水纸面石膏板因其板芯和护面纸均经过了防水处理，所以适用于湿度较高的潮湿场所，如卫浴间等。

⑤ 石膏板的价格低廉，一般为 40~150 元 / 张。

各类石膏板对比

	适应场所	规格	元 / 张
平面石膏板	干燥环境中的吊顶、墙面造型、隔墙的制作	长 2400 毫米、宽 1200 毫米、高 9.5 毫米	40~105
浮雕石膏板	干燥环境中吊顶、墙面造型及隔墙的制作	可根据具体情况定制加工	85~135
防水石膏板	适用于厨房、卫浴间等潮湿环境中的吊顶及隔墙制作	长 2400 毫米、宽 1200 毫米、高 9.5 毫米	55~105
穿孔石膏板	用于干燥环境中吊顶造型的制作	长 2400 毫米、宽 1200 毫米、高 9.5 毫米	45~105

✖ 装修解疑

怎样保护"脆弱"的石膏板？

① 石膏板在搬运时宜两人竖抬，平抬可能会导致板材断裂。

② 石膏板的存放处要干燥、通风，避免阳光直射。存放的地面要平整，最下面一张与地面之间、每张板材之间最好添加至少 4 根 100 毫米高的垫条，平行放置，使板材之间保留一定距离。单板不要伸出垛外，可斜靠或悬空放置。如果需要在室外存放，需要注意防潮。

PVC 扣板与铝扣板

1. PVC 扣板的特点

① PVC 扣板表面的花色图案变化丰富，并且具有重量轻、防水、防潮、阻燃等优点，且安装简便。

② 由于 PVC 扣板的主材是塑料，因此缺点为物理性能不够稳定，即便 PVC 扣板不遇水，或者离热源较近，时间长了也会变形。

③ PVC 扣板的花色、图案很多，可以根据不同的家居环境进行选择。比如，田园风格的居室可以选择米黄色带有花纹的板材；而中式风格的居室可以选格花图案的板材；现代和简约风格的居室则可以选纯色板材。

④ PVC 扣板多用于室内厨房、卫浴间的顶面装饰。其外观呈长条状居多，宽度为 200~450 毫米不等，长度一般有 3000 毫米和 6000 毫米两种，厚度为 1.2 ~ 4 毫米。

⑤ PVC 扣板的价格低廉，一般为 10 ~ 65 元 / 米。

2. 铝扣板的特点

① 铝扣板耐久性强，不易变形，不易开裂，质感和装饰感方面均优于 PVC 扣板，且具有防火、防潮、防腐、抗静电、吸声等特点。

② 铝扣板吊顶的安装要求较高，特别是对于平整度的要求最为严格。

③ 铝扣板的款式较多，可以适应任何家装风格的装修需求。

④ 铝扣板在室内装饰装修中，多用于厨房、卫浴间的顶面装饰。

⑤ 建材市场上的铝扣板品牌不少，价格也从数十元到上百元不等（30~500 元 / 平方米），其中优质的铝扣板是以铝锭为原料，加入适当的镁、锰、铜、锌、硅等元素而组成。

 装修解疑

铝扣板如何延长使用寿命？

① 铝扣板在家庭中多用于厨房和卫浴间，比较潮湿且容易积聚水汽的空间。经常清洁能够保持美观，延长使用板材的寿命。一般用清洁剂擦一遍，再用清水擦一遍即可，要使用中性清洁剂，不能用碱性和酸性的清洁剂。

② 铝扣板装拆方便，每件板均可独立拆装，方便施工和维护。如需调换和清洁吊顶面板时，可用磁性吸盘或专用拆板器快速取板。

木纹饰面板

木纹饰面板的特点

① 木纹饰面板具有花纹美观、装饰性好、真实感强、立体感突出等特点，是目前室内装饰装修工程中常用的一类装饰面材。

② 木纹饰面板一定要选择甲醛释放量低的板材。

③ 木纹饰面板的种类众多，色泽与花纹都有很多选择，因此各种家居风格均适用。

④ 木纹饰面板在装修中起着举足轻重的作用，使用范围非常广泛，门、家具、墙面上都会用到，还可用作墙面、木质门、家具、踢脚线等部位的表面饰材。

⑤ 由于木纹饰面板的品质众多，产地不一，因此价格差别较大，从几十元到上百元的板材均有很多选择。

各类木纹饰面板对比

	适应场所	元 / 张
榉木	分为红榉和白榉，纹理细而直或带有均匀点状。木质坚硬、强韧，干燥后不易翘裂，透明漆涂装效果颇佳。可用于壁面、柱面、门窗套及家具饰面板	85~290
水曲柳	分为水曲柳山纹和水曲柳直纹。呈黄白色，结构细腻，纹理直而较粗，胀缩率小，耐磨抗冲击性好	70~320
胡桃木	常见有红胡桃木、黑胡桃木等，在涂装前要避免表面划伤泛白，涂刷次数要比其他木饰面板多 1~2 道。透明漆涂装后纹理更加美观，色泽深沉稳重	105~450
樱桃木	装饰面板多为红樱桃木，暖色赤红，合理使用可营造高贵气派的感觉。价格因木材产地差距比较大，进口板材效果突出，价格昂贵	85~320
橡木	可分为直纹橡木和山纹橡木，花纹类似于水曲柳，但有明显的针状或点状纹。有良好的质感，质地坚实，使用年限长，档次较高	110~580
沙比利	可分为直纹沙比利、花纹沙比利、球形沙比利。加工比较容易，上漆等表面处理的性能良好，特别适用于复古风格的居室	70~430

细木工板 ●●●●●

细木工板的特点

① 细木工板具有质轻、易加工、握钉力好、不变形等优点。

② 细木工板在生产过程中大量使用尿醛胶，甲醛释放量普遍较高，环保标准普遍偏低，这也是大部分细木工板都有刺鼻味道的原因。

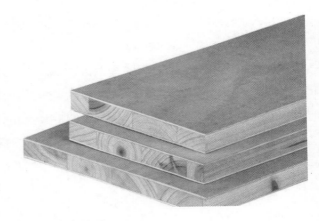

③ 细木工板的主要部分是芯材，种类有许多，如杨木、桦木、松木、泡桐等，具有多纹理的选择，使其适用于任何家居风格。

④ 细木工板的用途非常广泛，可用于墙面造型基层及家具、门窗造型基层的制作；但细木工板虽然比实木板材稳定性强，但怕潮湿，施工中应注意避免用于厨卫空间。

⑤ 细木工板的价格为 120 ～ 310 元 / 张，可根据实际情况来选择。

 选购要点

细木工板的选购小常识

一、细木工板的质量等级分为优等品、一等品和合格品。细木工板出厂前，会在每张板背右下角加盖不褪色的油墨标记，标明产品的类别、等级、生产厂代号、检验员代号；类别标记应当标明室内、室外字样。如果这些信息没有或者不清晰，不应购买。

二、用手触摸，展开手掌轻轻平抚细木工板板面，如感觉到有毛刺扎手，则表明质量不高。

三、用双手将细木工板一侧抬起，上下抖动，倾听是否有木料拉伸断裂的声音，有则说明内部缝隙较大，空洞较多。优质的细木工板应有一种整体、厚重感。

四、从侧面拦腰锯开后，观察板芯的木材质量是否均匀整齐，有无腐朽、断裂、虫孔等，实木条之间缝隙是否较大。

五、将鼻子贴近细木工板剖开截面处，闻一闻是否有强烈刺激性气味。如果细木工板散发清香的木材气味，说明甲醛释放量较少；如果气味刺鼻，说明甲醛释放量较多。

六、向商家索取细木工板检测报告和质量检验合格证等文件，细木工板的甲醛含量 ≤ 1.5 千克 / 升才可直接用于室内，而 ≤ 5 千克 / 升必须经过饰面处理后才允许用于室内。

桑拿板

桑拿板的特点

① 桑拿板是经过高温脱脂处理的板材，能耐高温，不易变形；插接式连接，易于安装。

② 桑拿板作吊顶容易沾油污，不经过处理的桑拿板，防潮、防火、耐高温等均较差。

③ 桑拿板的木质纹理，十分适合乡村风格的家居环境。

④ 桑拿板应用广泛，除了应用在桑拿房外，可以用作卫浴间、阳台吊顶；还可以局部使用，如在飘窗中应用；此外，桑拿板也可以作为墙面的内外墙板。

⑤ 市面上比较好的桑拿板价格为 35~55 元 / 平方米，安装费为 45~55 元 / 平方米。

 选购要点

桑拿板的选购小常识

一、桑拿板分为节疤和无节疤两种，选购时应注意区分，无节疤材质的桑拿板价格要高很多。

二、桑拿板分为国产和进口两种，可以从颜色上入手，进口桑拿板颜色要深于国产桑拿板，而且进口桑拿板具有淡淡清香。

三、桑拿板购买之后，要拆包一片一片地看。因为桑拿板除非是自己做漆，否则买做过漆的桑拿板，由于板材特殊的装饰效果，往往允许有"色差"，一般是"浅色与深色搭配使用。若搭配的片数选少了，则影响美观度，并且难找商家调换。

 装修解疑

桑拿板应怎样起到防水、防腐效果？

①桑拿板刷木蜡油及聚酯漆都能起到防水作用。聚酯漆分为酸性和碱性两种，都会使桑拿板产生色变，令桑拿板的原色加深，要保持桑拿板美丽天然的本色，还是用木蜡油最为合适。

②桑拿板安装好后需要上油漆才能达到防水、防腐的效果。但是用于桑拿房及卫浴中的桑拿板一般不建议用普通松木板刷油漆替代使用，油漆经过长时间潮湿水浸，易起皮。另外油漆难以像防腐液那样深入渗透到木材内部而达到完全防腐的目的。

装饰地板

实木地板

实木地板的特点

① 实木地板基本保持了原料自然的花纹，脚感舒适、使用安全是其主要特点，且具有良好的保温、隔热、隔声、吸声、绝缘性能。

② 实木地板的缺点为难保养，且对铺装的要求较高，一旦铺装不好，会造成一系列问题，如有声响等。

③ 实木地板基本适用于任何家庭装修的风格，但用于乡村、田园风格更能凸显其特征。

④ 实木地板主要应用于客厅、卧室、书房空间的地面铺设。

⑤ 实木地板因木料不同，价格上也有所差异，一般为 400~1000 元 / 平方米，较适合高档装修的家庭。

常见实木地板的色泽与纹理

硬度、色泽及纹理		实木地板品种
硬度	中等硬度	柚木、印茄（菠萝格）、香茶茉萸（芸香木）
	软木	水曲柳、桦木
色泽	浅色	加枫木、水青冈（山毛榉）、桦木
	中间色	红橡、亚花梨、柞木、铁苏木（南美金檀）
	深色	香脂木豆（红檀香）、紫檀、柚木、棘黎木（乔木树参、玉檀香）
纹理	粗纹	柚木、柞木、甘巴豆、水曲柳
	细纹	水青冈、桦木

 装修解疑

实木地板的安装方法有几种?

实木地板的安装方法基本有三种：一种是采用地板胶直接贴在室内的水泥地面上，这种方法适合地面平坦、小条拼木地板；第二种是在原地面上架起木龙骨，将地板条钉在木龙骨上，这种方法适合长条木地板；第三种是未上漆的拼装木地板块，在安装完毕后，需用打磨机磨平、砂纸打光，再上腻子，最后涂刷。

实木复合地板

实木复合地板的特点

① 实木复合地板的加工精度高，具有天然木质感、容易安装维护、防腐防潮、抗菌等优点，并且相较于实木地板更加耐磨。

② 实木复合地板如果胶合质量差会出现脱胶现象；另外实木复合地板表层较薄，生活中必须重视维护保养。

③ 实木复合地板的颜色、花纹种类很多，因此可以根据家居风格来选择。

④ 实木复合地板和实木地板一样适合在客厅、卧室和书房使用，厨卫等经常沾水的地方少用为好。

⑤ 实木复合地板价格可以分为几个档次，低档的板价位为 100 ~ 300 元 / 平方米；中等的价位在 150~300 元 / 平方米；高档的价位在 300 元 / 平方米以上。

 选购要点

实木复合地板的选购小常识

一、实木复合地板表层厚度决定其使用寿命，表层板材越厚，耐磨损性越强。欧洲实木复合地板的表层厚度一般要求到 4 毫米以上。

二、实木复合地板分为表、芯、底三层。表层为耐磨层，应选择质地坚硬、纹理美观的品种；芯层和底层为平衡缓冲层，应选用质地软、弹性好的品种。

三、选择实木复合地板时，一定要仔细观察地板的拼接是否严密，相邻板应无明显高低差。

四、高档次的实木复合地板，应采用高级哑光漆，这种漆是经过紫外光固化的，其耐磨性能非常好，一般可以使用十几年不需上漆。

五、实木复合地板的胶合性能是该产品的重要质量指标，该指标的优劣直接影响使用功能和寿命。可将实木复合地板的小样品放在 70℃的热水中浸泡 2 小时，观察胶层是否开胶，如开胶则不宜购买。

🔍 装饰陶瓷砖

<h1 style="text-align:center">玻化砖与釉面砖</h1> ● ● ● ● ●

1. 玻化砖的特点

① 玻化砖是所有瓷砖中最硬的一种，在吸水率、边直度、弯曲强度、耐酸碱性等方面都优于普通釉面砖、抛光砖及一般的大理石。

② 玻化砖经打磨后，毛气孔暴露在外，油污、灰尘等容易渗入。

③ 玻化砖较适用于现代风格、简约风格等家居风格之中。

④ 玻化砖适用于玄关、客厅等人流量较大的空间地面铺设，不太适用于厨房这种油烟较大的空间。

⑤ 玻化砖的价格差异较大，40 ~ 500 元/平方米均有。

2. 釉面砖的特点

① 釉面砖的色彩图案丰富、规格多；防渗，可无缝拼接、任意造型，韧度非常好，基本不会发生断裂现象。

② 由于釉面砖的表面是釉料，所以耐磨性不如抛光砖。

③ 由于釉面砖表面可以烧制各种花纹图案，风格比较多样，因此可以根据家居风格进行选择。

 装修解疑

<h3 style="text-align:center">玻化砖的标准施工细节</h3>

铺贴前，应先处理好待贴体或地面使其平整，干铺法要求基础层达到一定刚硬度才能铺贴砖，铺贴时接缝多保留 2~3 毫米。白色砖建议用白水泥，铺贴前预先打上防污蜡，可提高砖面抗污染能力。

<h3 style="text-align:center">釉面砖的标准施工细节</h3>

①釉面砖在施工前要充分浸水 3~5 小时，浸水不足容易导致瓷砖吸走水泥浆中水分，从而使产品粘接不牢；浸水不均衡则会导致瓷砖平整度差异较大，不利于施工。

②铺贴时，水泥的硬度不能过高，以免拉破釉面，产生崩瓷。另外，砖与砖之间需留有 2 毫米的缝隙，以减弱瓷砖膨胀收缩所产生的应力。若采用错位铺贴的方式，需要注意在原来留缝的基础上多留 1 毫米的缝。

仿古砖与马赛克

● ● ● ● ●

1. 仿古砖的特点

① 仿古砖技术含量要求相对较高，数千吨液压机压制后，再经千度高温烧结，使其强度高，具有极强的耐磨性，经过精心研制的仿古砖兼具了防水、防滑、耐腐蚀的特性。

② 仿古砖的搭配需要花心思进行，否则风格容易过时。

③ 仿古砖能轻松营造出居室风格，十分适用于乡村风格、地中海风格等家居设计中。

④ 仿古砖适用于客厅、厨房、餐厅等空间的同时，也有适合厨卫等区域使用的小规格砖。

⑤ 仿古砖的价格差异较大，一般在 15~450 元 / 块，而进口仿古砖还会达到每块上千元。

2. 马赛克的特点

① 马赛克具有防滑、耐磨、不吸水、耐酸碱、抗腐蚀、色彩丰富等优点。

② 马赛克的缺点为缝隙小，较易藏污纳垢。

③ 马赛克适用的家居风格广泛，尤其擅长营造不同风格的家居环境，如玻璃马赛克适合现代风格的家居；而陶瓷马赛克适合田园风格的家居等。

④ 马赛克适用于厨房、卫浴间、卧室、客厅等。如今马赛克可以烧制出更加丰富的色彩，也可用各种颜色搭配拼贴成自己喜欢的图案，所以可镶嵌在墙上作为背景墙。

⑤ 马赛克的价格依材质不同而有很大差异，一般的马赛克价格是 90 ～450 元 / 平方米，品质好的马赛克价格可达到 500 ～1000 元 / 平方米。

 选购要点

马赛克的选购小常识

一、在自然光线下，距马赛克 0.5 米处目测其有无裂纹、疵点及缺边、缺角现象，如内含装饰物，其分布面积应占总面积的 20% 以上，且分布均匀。

二、马赛克的背面应有锯齿状或阶梯状沟纹。选用的胶粘剂除保证粘贴强度外，还应易清洗。此外，胶粘剂还不能损坏背纸或使玻璃马赛克变色。

三、抚摸其釉面可以感觉到防滑度，然后看厚度，厚度决定密度，密度高吸水率才低，吸水率低是保证马赛克持久耐用的重要因素。可以把水滴到马赛克的背面，水滴不渗透的质量好，往下渗透的质量差。另外，内层中间打釉的通常是品质好的马赛克。

🔍 装饰涂料

乳胶漆与硅藻泥 ●●●●●

1. 乳胶漆的特点

① 乳胶漆具有无污染、无毒、无火灾隐患，易于涂刷、干燥迅速，漆膜耐水、耐擦洗性好、色彩柔和等优点。

② 乳胶漆的缺点为涂刷前期作业较费时费工。

③ 乳胶漆的色彩丰富，可以根据自身喜好调整颜色，涂刷出各种家居风格。

④ 乳胶漆的应用广泛，可用作建筑物外墙及室内空间中墙面、顶面的装饰。

⑤ 乳胶漆的价格差异较大，市面上的价格大致是 200 ～ 2000 元 / 平方米。

2. 硅藻泥的特点

① 硅藻泥具有消除甲醛、净化空气、调节湿度、释放负氧离子、防火阻燃、墙面自洁、杀菌除臭等功能。

② 硅藻泥本身较轻，耐重力不足，容易磨损，所以不能用作地面装饰。由于没有保护层，所以硅藻泥不耐脏，用于墙面时，不要低于踢脚线的位置，最好用于墙面的上部分及吊顶上。

③ 硅藻泥广泛应用于客厅、餐厅、厨房、卧室、书房、儿童房等空间的装修中。

④ 硅藻泥的价格区间一般为 270 ～ 530 元 / 平方米。

 选购要点

乳胶漆的选购小常识

一、用鼻子闻。真正环保的乳胶漆应是水性无毒无味的，如果闻到刺激性气味或工业香精味，就应慎重选择。

二、用眼睛看。放一段时间后，正品乳胶漆的表面会形成一层厚厚的、有弹性的氧化膜，不易裂；而次品只会形成一层很薄的膜，易碎，且具有辛辣气味。

三、用手感觉。将乳胶漆拌匀，再用木棍挑起来，优质乳胶漆往下流时会成扇面形。用手指摸，正品乳胶漆应该手感光滑、细腻。

四、耐擦洗。可将少许涂料刷到水泥墙上，涂层干后用湿抹布擦洗，高品质的乳胶漆耐擦洗性很强，而低档的乳胶漆只擦几下就会出现掉粉、露底的褪色现象。

墙面彩绘与艺术涂料 ●●●●●

1. 墙面彩绘的特点

① 墙面彩绘可根据室内的空间结构就势设计，可掩饰房屋结构的不足，美化空间，同时让墙面彩绘和屋内的家居设计融为一体。

② 墙面彩绘只能是室内装饰的一种点缀，如果频繁使用会让空间感觉凌乱，无重点。

③ 墙面彩绘在绘画风格上不受任何限制，不但具有很好的装饰效果，可定制的画面也能体现居住者的时尚品位。

④ 墙面彩绘一般用于家居空间墙面的局部点缀，但其俏皮活泼的特性，使之在儿童房中广泛运用。

⑤ 墙面彩绘的价格根据墙面的大小及图案的难易程度有所不同，大致为 80~1800 元 / 平方米。

2. 艺术涂料的特点

① 艺术涂料无毒、环保，同时还具备防水、防尘、阻燃等功能。优质的艺术涂料可洗刷、耐摩擦，色彩历久弥新。

② 艺术涂料对施工人员作业水平要求严格，需要较高的技术含量。

③ 艺术涂料的种类较多，但其特有的艺术性效果，最适合时尚现代的家居风格。

④ 艺术涂料应用于装饰设计中的主要景观，如门庭、玄关、电视背景墙、廊柱、吧台、吊顶等，能产生极其高雅的效果。

⑤ 艺术涂料根据图案的复杂程度，价格为 35~220 元 / 平方米，比普通墙纸的价格还实惠。

各类木器漆对比

	优点	缺点
硝基漆	干燥速度快、易翻新修复、配比简单、施工方便、手感好	环保性相对较差，容易变黄，丰满度和高光泽效果较难做出，容易老化
聚酯漆	硬度高，耐磨、耐热、耐水性好、固含量高（50%~70%）、丰满度好、施工效率高、涂装成本低、应用范围广	施工环境要求高，漆膜损坏不易修复，配漆后使用时间受限制，层间必须打磨，配比严格
水性木器漆	环保性相对较高，不易黄变、干速快、施工方便	施工环境要求温度不能低于5℃或相对湿度低于85%，全封闭工艺的造价会高于硝基漆、聚酯漆产品

木器漆与金属漆 ●●●●●

1. 木器漆的特点

① 木器漆可使木质材质表面更加光滑，避免木质材质直接被硬物刮伤或产生划痕；有效地防止水分渗入木材内部造成腐烂；有效防止阳光直晒木质家具造成干裂。

② 木器漆适用于各种风格的家具及木地板饰面。

③ 木器漆根据品质的区别，价格为200~2000元/桶。

2. 金属漆的特点

① 金属漆具有豪华的金属外观，并可随个人喜好调制成不同颜色，在现代风格、欧式风格的家居中得到广泛使用。

② 金属漆品不仅可以广泛应用于经过处理的金属、木材等基材表面，还可以用于室内外墙饰面、浮雕梁柱异型饰面的装饰。

③ 金属漆根据品质的区别，价格一般是50 ~ 400元/桶。

各类木器漆对比

	特点	使用空间
板岩漆系列	色彩鲜明，通过艺术施工的手法，呈现各类自然岩石的装饰效果，具有天然石材的表现力，同时又具有保温、降噪的特性	适用别墅等家居空间，颜色可以任意调试
浮雕漆系列	立体质感逼真的彩色墙面涂装涂料，装饰后的墙面酷似浮雕的观感效果	适用于室内及室外已涂上适当底漆之砖墙、水泥砂浆面及各种基面的装饰涂装
肌理漆系列	具有一定的肌理性，花型自然、随意，满足个性化的装饰效果。异形施工更具优势，可配合设计做出特殊造型与花纹、花色	适合应用于形象墙、背景墙、廊柱、立柱、吧台、吊顶、石膏艺术造型等的内墙装饰
真石漆系列	具有天然大理石的质感、光泽和纹理，逼真度可与天然大理石相媲美	可作为各种线条、门套线条、家具线条的饰面，也广泛应用于背景墙设计

 选购要点

金属漆的选购小常识

一、观察金属漆的涂膜是否丰满光滑，以及是否由无数小的颗粒状或片状金属拼凑起来。

二、金属漆是否已获得 ISO9002 质量体系认证证书和中国环境标志产品认证证书，购买时需向商家索取。

装饰壁纸

装饰壁纸 ●●●●●

1. PVC 壁纸的特点

① PVC 壁纸具有一定的防水性，施工方便，耐久性强。

② PVC 壁纸透气性能不佳，在湿润的环境中，对墙面的损害较大，且环保性能不高。

③ PVC 壁纸的花纹较多，适用于任何家居风格。

④ PVC 壁纸有较强的质感和较好的透气性，能够较好地抵御油脂和湿气的侵蚀，可用在厨房和卫浴间，几乎适合家居的所有空间。

⑤ PVC 壁纸的价格为 100~ 400 元 / 平方米，经济型家居中广泛用到。

2. 纯纸壁纸的特点

① 纯纸壁纸的风格多倾向于小清新的田园风格和简约风格，如果家居是田园风或简约风装修则可以考虑大量使用纯纸壁纸。当然，其他风格也可以适当使用，如作为背景墙。

② 纯纸壁纸可以应用于客厅、餐厅、卧室、书房等空间，不适用于厨房、卫浴间等潮湿空间。另外，纯纸壁纸环保性强，所以特别适合对环保要求较高的儿童房和老人房使用。

③ 纯纸壁纸的价格为 200~600 元 / 平方米，比 PVC 壁纸的价格略高。

 选购要点

纯纸壁纸的选购小常识

一、手摸纯纸壁纸需感觉光滑，如果有粗糙的颗粒状物体则并非真正的纯纸壁纸。

二、纯纸壁纸有清新的木浆味，如果存在异味或无气味则并非纯纸；纯纸燃烧产生白烟、无刺鼻气味、残留物均为白色；纸质有透水性，在壁纸上滴几滴水，看水是否透过纸面；真正的纯纸壁纸结实，不因水泡而掉色，取一小部分泡水，用手刮壁纸表面看是否掉色。

三、注意购买同一批次的产品。因为即使色彩图案相同，如果不是同一批生产的产品，颜色可能也会出现一些偏差，在购买时往往难察觉，直到贴上墙才发现。

金属壁纸与无纺布壁纸

1. 金属壁纸的特点

① 金属壁纸在家居装饰中不适合大面积使用，与家具、装饰搭配需要较强的设计感。

② 冷调的金属壁纸和后现代风格较为搭配，而金色的金属壁纸则适用于欧式古典风格及东南亚风格的居室。

③ 金属壁纸在家居空间中适合小面积的用于墙面或顶面，尤其适合局部装饰客厅主题墙。

④ 金属壁纸的价格较高，一般为 200~1500 元 / 平方米，适合高档装修的家居空间。

2. 无纺布壁纸的特点

① 无纺布壁纸是采用纯天然植物纤维制作而成，不含其他化学添加剂，因此其形式、色彩选择面相对狭窄，没有普通壁纸品种样色多。

② 无纺布壁纸可以适用于任何风格的家居装饰中，特别适用于田园风格的家居。

③ 无纺布壁纸广泛应用于客厅、餐厅、书房、卧室、儿童房的墙面铺贴中。

④ 无纺布壁纸的产地来源主要有欧洲、美国、日本和中国，价格为 200~1000 元 / 平方米，其中欧美国家的价格最高，日本居中，国产无纺布壁纸的价格最低。

 选购要点

无纺布壁纸的选购小常识

一、通过看图案和密度鉴别无纺布壁纸的好坏，颜色越均匀，图案越清晰的越好；布纹密度越高，说明质量越好，记得正反两边都要看。

二、无纺布壁纸的手感很重要，手感柔软细腻说明密度较高，坚硬粗糙则说明密度较低。

三、环保的无纺布壁纸气味较小，甚至没有任何气味；劣质的无纺布壁纸会有刺鼻的气味。另外，具有很香的味道的无纺布壁纸也坚决不要购买。

四、试着用略湿的抹布擦一下无纺布壁纸，能够轻易去除脏污痕迹，则证明质量较好。

五、在无纺布壁纸表面滴几滴水或将其浸泡于水中，测试壁纸的透水性能，好的壁纸透水性极低。

装饰织物

地毯

●●●●●

地毯的特点

① 因为地毯的防潮性较差（塑料地毯除外），清洁较难，所以卫浴间、厨房、餐厅不宜铺地毯。另外，地毯容易积聚尘埃，并由此产生静电，容易对电脑造成损坏，因此书房不太适宜铺设；有幼儿、哮喘病人及过敏性体质者的家庭也不宜铺地毯。

② 地毯的价格根据材质、花型、工艺的不同而有所差异，平均价格在 300~500 元 / 平方米；但也不乏上千元的及百元左右的品种，可根据装修档次进行选择。

各类地毯对比

	特点	适用范围
纯毛地毯	脚感舒适，不易老化和褪色，是高档的地面装饰材料。清洗保养较麻烦，而且价格昂贵	高级别墅住宅的客厅、卧室等处
混纺地毯	在图案、色泽、质地、手感等方面与纯毛地毯相差不大；同时克服了纯毛地毯不耐虫蛀、易腐蚀、易霉变的缺点且价格低廉	广泛用于家居中的任何空间
化纤地毯	其质地、视感都近似于羊毛，具有防燃、防污、防虫蛀的特点，清洗维护都很方便	广泛用于家居中的任何空间
塑料地毯	具有色彩鲜艳、耐湿、耐腐蚀、耐虫蛀、易于清洗等优点，但质地较薄，手感硬，容易老化	常用于玄关及卫浴间等处

✖ **装修解疑**

如何清洁地毯？

① 地毯的绒毛容易积灰，吸尘器是对付地毯灰尘的好帮手。可以先用立式吸尘器把地毯大面积清理一遍，进行除尘第一步；然后再提起手持式吸尘器，对落灰特别严重的地方，如茶几下面、墙角、床沿边进行细致的处理。

② 像咖啡、可乐或者果汁等饮料所造成的污渍，需要尽快用干布或者面纸吸去水分；然后用醋沾湿干布轻轻拍拭污渍，直到污渍清除。

③ 地毯长期使用产生的异味，可以用如下方法清除：在 4 升温水中加入 4 杯醋浸湿毛巾，拧干后擦拭地毯，擦拭完成后把地毯放在通风的地方风干即可。

窗帘

窗帘的特点

① 窗帘具有调控光源、防尘隔音的优点，同时还能美化居室。

② 纯棉、纯麻材质的窗帘容易褪色。

③ 不同款式的窗帘适合的家居空间也有所差别，如罗马帘适合欧式家居，落地帘可以根据布料的花纹来搭配空间风格等。

④ 窗帘的价格根据其品种而有所差别，落地帘的价格为 50~500 元 / 平方米；印花卷帘的价格为 20~45 元 / 平方米；百叶帘的价格为 45~75 元 / 平方米；风琴帘的价格为 50~1200 元 / 平方米。

各类窗帘对比

	特点	优点	缺点
落地帘	采用棉、麻、丝等天然织品制成，多为双开式	长度长，可遮盖整个窗户，遮光、防噪音、防尘效果极佳	需要经常性拆洗，保养较为复杂
罗马帘	采用较硬的提花布和印花布制成	较为节省空间，具有视觉立体感	车工复杂，因此价格较高
卷帘	采用竹子、植物纤维编织等，表面经特殊处理，适用于卫浴间	不易沾染灰尘，维护保养便利，防潮，可以自行手工制作	不适用于面积较大的窗户
百叶帘	特殊的蜂巢式结构，形成一个中空空间	有效隔热、控温；可依个人喜好调节光源及遮挡程度	叶片结构，保养较为不便
风琴帘	特殊的蜂巢式结构，形成一个中空空间	有效隔热、控温；可依个人喜好调节光源及遮挡程度	价格较高
窗纱	和落地帘的材质基本相同	设计多元，透光性佳，实用与装饰兼具	遮光性不佳，常与窗帘一起使用

装饰木门

实木门与实木复合门 •••••

1. 实木门的特点

① 因所选用材料多是名贵木材，故价格上略贵。

② 实木门可以为家居环境带来典雅、高档的氛围，因此十分适合欧式古典风格和中式古典风格的家居设计。

③ 实木门可以用于客厅、卧室、书房等家居中的主要功能空间。

④ 实木门的价格一般高于 2500 元 / 樘，比较适合高档装修的家居。

2. 实木复合门的特点

① 实木复合门由于表面贴有密度板等材料，因此怕水且容易破损。

② 实木复合门较适合应用于客厅、餐厅、卧室、书房等家居空间。

③ 实木复合门比实木门的价格略低，一般高于 1800 元 / 樘。

 选购要点

实木门的选购小常识

一、触摸感受实木门漆膜的丰满度，漆膜丰满说明油漆的质量好，对木材的封闭好；可以从门斜侧方的反光角度，看表面的漆膜是否平整，有无橘皮现象，有无突起的细小颗粒。

二、看实木门表面的平整度。如果实木门表面平整度不够，说明选用的是比较廉价的板材，环保性能也很难达标。

三、如果是实木门，表面的花纹会非常不规则，如门表面花纹光滑整齐漂亮，往往不是真正的实木门。

四、选购实木门要看门的厚度，可以用手轻敲门面，若声音均匀沉闷，则说明该门质量较好。

模压门与玻璃推拉门 ●●●●●

1. 模压门的特点

① 模压门的价格低，却具有防潮、膨胀系数小、抗变形的特性，使用一段时间后，不会出现表面龟裂和氧化变色等现象。

② 模压门的门板内为空心，隔音效果相对实木门较差；门身轻，没有手感，档次低。

③ 模压门比较适合现代风格和简约风格的家居。

④ 模压门广泛应用于家居中的客厅、餐厅、书房、卧室等空间。

⑤ 一般模压门连门套在内的价格为 750~800/ 樘，受到中等收入家庭的青睐。

2. 玻璃推拉门的特点

① 根据使用玻璃品种的不同，玻璃推拉门可以起到分隔空间、遮挡视线、适当隔音、增加私密性、增加空间使用弹性等作用。

② 玻璃推拉门的缺点为通风性及密封性相对较弱。

③ 玻璃推拉门在现代风格的空间中较常见。另外，市面上的玻璃推拉门框架有铝合金及木制的，可根据室内风格搭配选择。

④ 玻璃推拉门常用于阳台、厨房、卫浴间、壁橱等家居功能空间中。

⑤ 玻璃推拉门的价格一般大于 200 元 / 平方米，材料越好、越复杂的门越贵。

 选购要点

模压门的选购小常识

一、选购模压门应注意，贴面板与框体连接应牢固，无翘边、无裂缝。

二、模压门的板面应平整、洁净，无节疤、虫眼、裂纹及腐斑，木纹清晰、纹理美观。

三、贴面板厚度不得低于 3 毫米。

四、安装合页处应有横向龙骨。

🔍 装饰玻璃

烤漆玻璃与钢化玻璃 ●●●●●

1. 烤漆玻璃的特点

① 烤漆玻璃使用环保涂料制作，环保、安全，具有耐脏耐油、易擦洗、防滑性能高等优点。

② 烤漆玻璃若涂料附着性较差，则遇潮易脱漆。

③ 烤漆玻璃作为具有时尚感的一款材料，最适合表现简约风格和现代风格，而根据需求定制图案后也可用于混搭风和古典风。

④ 烤漆玻璃的运用广泛，可用于制作玻璃台面、玻璃形象墙、玻璃背景墙、衣柜柜门等。

⑤ 烤漆玻璃的价位在 60 ~ 300 元 / 平方米，钢化处理的烤漆玻璃要比普通烤漆玻璃贵。

2. 钢化玻璃的特点

① 钢化玻璃的安全性能好，有均匀的内应力，破碎后呈网状裂纹，各个碎块不会产生尖角，不会伤人。其抗弯曲强度、耐冲击强度是普通平板玻璃的 3 ~ 5 倍。

② 钢化玻璃不能进行再切割和加工，温差变化大时有自爆（自己破裂）的可能性。

③ 钢化玻璃常用于现代风格、后现代风格及混搭风格的家居设计中。

④ 钢化玻璃多用于家居中需要大面积玻璃的场所，如玻璃墙、玻璃门、楼梯扶手等。

⑤ 钢化玻璃的价格一般大于 130 元 / 平方米。

 选购要点

钢化玻璃的选购小常识

一、戴上偏光太阳眼镜观看玻璃，钢化玻璃应该呈现出彩色条纹斑。

二、有条件的话，用开水对着钢化玻璃样品冲浇 5 分钟以上，可减少钢化玻璃自爆的概率。

三、钢化玻璃的平整度会比普通玻璃差，用手使劲摸钢化玻璃表面，会有凹凸的感觉。观察钢化玻璃较长的边，会有一定弧度。把两块较大的钢化玻璃靠在一起，弧度将更加明显。

四、钢化后的玻璃不能进行再切割和加工，因此玻璃只能在钢化前就加工成需要的形状，再进行钢化处理。若计划使用钢化玻璃，则需测量好尺寸再购买，否则很容易造成浪费。

镜面玻璃与艺术玻璃

1. 镜面玻璃的特点

① 为提高装饰效果，在镜面玻璃镀镜之前可对原片玻璃进行彩绘、磨刻、喷砂、化学蚀刻等加工，形成具有各种花纹图案或精美字画的镜面玻璃。

② 镜面玻璃相较于其他品种的玻璃在价格上较为昂贵。

③ 镜面玻璃最适用于现代风格的空间，不同颜色的镜片能够体现出不同的韵味，营造或温馨、或时尚、或个性的氛围。

④ 镜面玻璃常用于家居中的客厅、餐厅、书房等空间的局部装饰。

⑤ 镜面玻璃的价格大致为 280 元 / 平方米。

2. 艺术玻璃的特点

② 艺术玻璃如需定制，则耗时较长，一般需 10~15 天。

④ 艺术玻璃的运用广泛，可以用于家居空间中的客厅、餐厅、卧室、书房等空间；从运用部位来讲，则可用于屏风、门扇、窗扇、隔墙、隔断或者墙面的局部装饰。

⑤ 艺术玻璃根据工艺难度不同，价格高低比较悬殊。一般来说，100 元 / 平方米的艺术玻璃多属于 5 毫米厚批量生产的划片玻璃，不能钢化，图案简单重复，不适宜作为主要点缀对象；主流的艺术玻璃价位在 400~1000 元 / 平方米。

各类艺术玻璃对比

	特点	适用空间
压花玻璃	表面有花纹图案，可透光，但却能遮挡视线，具有透光不透明的特点，有优良的装饰效果	主要用于门窗、室内间隔、卫浴间等处
雕刻玻璃	立体感较强，可以做成通透的或不透的，所绘图案一般都具有个性"创意"	适合别墅等豪华空间做隔断或墙面造型
彩绘玻璃	应用广泛的高档玻璃品种，可逼真地对原画进行复制，而且画膜附着力强，可擦洗。根据室内彩度的需要，选用彩绘玻璃，可将绘画、色彩、灯光融于一体	根据图案的不同，适用于家居装修的任意部位
冰花玻璃	装饰效果优于压花玻璃，给人以清新之感，是一种新型的室内装饰玻璃	可用于家庭装修中的门窗、隔断、屏风
沙雕玻璃	各类装饰艺术玻璃的基础，它是流行时间最广，艺术感染力最强的一种装饰玻璃，具有立体、生动的特点	可用于家庭装修中的门窗、隔断、屏风
水珠玻璃	也叫肌理玻璃，它跟沙雕艺术玻璃一样，使用周期长，可登大雅之堂	可用于家庭装修中的门窗、隔断、屏风

厨卫设备

整体橱柜

●●●●●

1. 整体橱柜的特点

① 整体橱柜具有收纳功能强大、方便拿取物品的优点。

② 整体橱柜的转角处容易设计不当，需多加注意。

③ 整体橱柜的种类多样，可以根据家装风格任意选择，其中实木橱柜较适合欧式及乡村风格的居室，烤漆橱柜较适合现代风格及简约风格的居室。

④ 整体橱柜多用于厨房，用来进行厨房用品的收纳。

⑤ 整体橱柜以组计价，依产品的不同，价格上也有很大差异，少则数千，多则数万，数十万。

2. 整体橱柜的构成

柜体

按空间构成包括装饰柜、半高柜、高柜和台上柜；按材料组成又可以分成实木橱柜、烤漆橱柜、模压板橱柜等。

台面

包括人造石台面、石英石台面、不锈钢台面、美耐板台面等。

橱柜五金配件

包含门铰、导轨、拉手、吊码，其他整体橱柜布局配件、点缀配件等。

功能备件

包含水槽（人造石水槽和不锈钢水槽）、龙头、上下水器、各种拉篮、拉架、置物架、米箱、垃圾桶等整体橱柜配件。

电器

包含抽油烟机、消毒柜、冰箱、炉灶、烤箱、微波炉、洗碗机等。

灯具

包含层板灯、顶板灯，各种内置、外置式橱柜专用灯。

饰件

包含外置隔板、顶板、顶线、顶封板、布景饰物等。

各类柜面材料对比

	特点	价格
实木橱柜	具有温暖的原木质感、纹理自然,名贵树种有升值潜力,天然环保、坚固耐用。但养护麻烦,价格较昂贵,对使用环境的温度和湿度有要求	≥4000 延米 / 元
烤漆橱柜	色泽鲜艳、易于造型,有很强的视觉冲击力,且防水性能极佳,抗污能力强,易清理。由于工艺水平要求高,所以价格高;怕磕碰和划痕,一旦出现损坏较难修补,用于油烟较多的厨房易出现色差	≥2000 延米 / 元
模压板橱柜	色彩丰富,木纹逼真,单色色度纯艳,不开裂、不变形。不需要封边,解决了封边时间长后可能会开胶的问题。但不能长时间接触或靠近高温物体,同时设计主体不能太长、太大,否则容易变形,烟头的温度会灼伤板材表面薄膜	≥1200 延米 / 元

各类台面材料对比

	特点	价格
人造石台面	最常见的台面,表面光滑细腻,有类似天然石材的质感;表面无孔隙,抗污力强,可任意长度无缝粘接,使用年限长,表面磨损后可抛光	≥270 延米 / 元
石英石台面	硬度很高,耐磨不怕刮划,耐热好,并且抗菌,经久耐用,不易断裂,抗污染性强,不易渗透污渍,可以在上面直接斩切;缺点是有拼缝	≥350 延米 / 元
不锈钢台面	抗菌再生能力最强,环保无辐射,坚固、易清洗、实用性较强;但台面各转角部位和结合处缺乏合理、有效的处理手段,不太适用于管道多的厨房	≥200 延米 / 元
美耐板台面	可选花色多,仿木纹自然、舒适;易清理,可避免刮伤、刮花的问题;价格经济实惠,如有损坏可全部换新;缺点为转角处会有接痕和缝隙	≥200 延米 / 元

灶具与吸油烟机 ●●●●●

1. 灶具的特点

① 现代灶具的款式新颖，安全措施增强，具有高热效率，并且可以节能省电。

④ 灶具的价格一般为 1200~4000 元。

2. 抽油烟机的特点

① 抽油烟机可以将炉灶燃烧的废物和烹饪过程中产生的对人体有害的油烟迅速抽走，排出室外，减少污染，净化空气，并有防毒和防爆的安全保障作用。

② 若抽油烟机的设计不良，则有火灾危险。

⑤ 抽油烟机的价格依种类不同而略有差异，一般为 500 ～ 6000 元 / 台，其中中式抽油烟机的价格较便宜，也更适合经常煎炒烹炸的中国家庭使用。

各类吸油烟机对比

	特点	优点	缺点
中式抽油烟机	采用大功率电动机，有一个很大的集烟腔和大涡轮，为直接吸出式，能够先把上升的油烟聚集在一起，然后再经过油网，将油烟排出去	生产材料成本低，生产工艺也比较简单，价格适中	占用空间大，噪声大，容易碰头、滴油；使用寿命短，清洗不方便
欧式抽油烟机	利用多层油网过滤（5~7 层），增加电动机功率以达到最佳效果，一般功率都在 300 瓦以上	外观优雅大方，抽油效果好	价格昂贵，不适合普通家庭使用，功率较大
侧吸式抽油烟机	利用空气动力学和流体力学设计，先利用表面的油烟分离板把油烟分离再排出干净空气	抽油效果好，省电，清洁方便，不滴油，不易碰头，不污染环境	样子难看，不能很好地和家具整体融合到一起

 装修解疑

如何清洁抽油烟机？

清洁抽油烟机时，要先切断电源，之后用螺丝刀拧下机壳上的螺钉，将机壳和油网取下，如果油网上的油垢很厚，则先用工具将多余的油垢轻轻刮拭下来，然后放入混有中性洗涤剂的温水中，浸泡三分钟后，用抹布擦拭干净即可。

洗面盆与抽水马桶

1. 洗面盆的特点

① 石材洗面盆较容易藏污，且不易清洗。

② 洗面盆的种类和造型多样，可以根据室内风格来选择；其中不锈钢和玻璃材质的洗面盆较为适合现代风格的家居。

③ 洗面盆价格相差悬殊，档次分明，从一两百元到过万元的都有。影响洗面盆价格的主要因素有品牌、材质与造型。普通陶瓷的洗面盆价格较低，而用不锈钢、钢化玻璃等材料制作的洗面盆价格比较高。

2. 抽水马桶的特点

① 抽水马桶是所有洁具中使用频率最高的一个，其冲净力强，若加了纳米材质，表面还可以防污。

② 抽水马桶若损坏，需重新打掉卫浴地面、壁面重新装设。

③ 抽水马桶的价位跨度非常大，从百元到数万元不等，主要是由设计、品牌和做工精细度决定的，可以根据家居装修档次来选择。

各类洗面盆对比

	特点	价格
台上盆	安装方便，便于在台面上放置物品	460
台下盆	易清洁。对安装要求较高，台面预留位置尺寸大小要与盆的大小相吻合，否则会影响美观	250~540
立柱盆	非常适合空间不足的卫浴安装使用，造型优美，可以起到很好的装饰效果，且容易清洗	320~650
挂盆	一种非常节省空间的洗面盆类型，其特点与立柱盆相似，入墙式排水系统一般可考虑选择挂盆	600
碗盆	与台上盆相似，但颜色和图案更具艺术性、更个性化	320~760

 装修解疑

如何修改马桶的排水？

如果需要修改马桶的排水，或者要把现有的马桶移动一下位置，则必须把地面垫高，使横向的走管有一个坡度，这样可以使污物更容易被冲走。

全面了解装修施工

施工是家庭装修中最重要的环节。其中包括拆改墙体与水电施工、地面铺贴施工、木工工种施工、油漆工种施工等。房屋的施工质量好坏，直接决定了前期设计的完美实现与后期业主的居住舒适度。如地面砖铺贴得严密，那么可以避免地面出现空鼓的现象；油漆滚涂得均匀会令家居拥有更加舒适的视觉感等。

🔍 基础改造

1. 户型改造的原则

① 满足实用性

通常情况下，户型布置应当实用，大小要适宜，功能划分要合理，应当使人感觉舒适温馨，每个房间最好都间隔方正，不要出现太多的边边角角。切记一定不能出现多边角的布置，这样会让房间利用率大大降低。

② 满足安全性和私密性

安全性主要是指住宅的防盗、防火等方面。而私密性是每个家居环境都必须具备的功能特性，否则就不能称为"家"了。比如一些面积过大的窗户设计以及卧室和客厅间的无遮挡设计最好都不要采用。

③ 满足灵活性

户型布置还要有一定的灵活性，以便根据生活要求灵活地改变使用空间，满足不同对象的生活需要。灵活性的另一个体现就是可改性，因为家庭规模和结构并不是一成不变的，生活水平和科技水平也在不断提高，户型应符合可持续发展的原则，用合理的结构体系提供一个大的空间，留下调整与更新的余地。

④ 满足经济性

户型改造布置还要具有经济性，即面积要紧凑实用，使用率要高。目前房价这么高，哪怕是 1 平方米的空间面积，分摊到的购买费用都不低，既然是如此贵的"空间"，为何不利用得更为充分点呢！

⑤ 满足美观性

在满足家居生活的各种功能性的基础上，户型的改造也要满足一定的美观性，即家居环境要有自己的个性、特色和独有的品位，如果都弄得跟宾馆似的，那么家也不像家了。

2. 户型改造的注意事项

① 千万不要拆承重墙

改造户型，必须确保改造安全。有的业主觉得门太小，就随意地将门洞拆除后改造，但一般门洞所在的墙都是承重墙，墙体内布有钢筋，如果在切割后只是进行简单的门套封闭，抛开承重的因素不考虑，就是裸露的钢筋也会因为直接接触空气而引起锈蚀，从而降低楼体的安全系数。

② 少做无用功

改造户型，必须是合理的。很多时候，业主改造户型，是基于有更合理的设计才去动手。如果新的方案比旧的更加不合理，那就是无用功了。例如，在一些操作频繁的厨房改为开放式的布局，做饭时的油烟将会对室内造成严重的污染。判断改造设计是否合理，很重要的一点就是看是否遵循了"功能第一，形式第二"的室内设计原则。如果户型改造能够带来新的功能或者能改善原有功能的话，相对而言就是合理的。反之就不合理，自然也没有改造的必要了。

3. 不同功能的空间改造

客厅

客厅改造两个原则：一是独立性，二是空间效率。许多户型的客厅只是起到了"过厅"的角色，根本无法满足现代人们的生活要求。对这类情况，最好都要加以改造。如果是成员较多的家庭，客厅面积就要稍微大一些，大约在25平方米；如果是家庭成员较少的年轻人居住，因为客厅的使用率不高，则可以相对小一些。无论哪种改变，客厅的独立性都必须具备，而且最好与卧室、卫浴间的分隔明显一些。

卧室

一般来说主卧室的宽度不应小于3.6米，面积在14～17平方米，次卧室的面宽不应小于3米，面积在10～13平方米。其次，应注意卧室的私密性，和客厅之间最好有空间过渡，直接朝向客厅开门也应避免对视。卧室与卫生间之间不应该设计成错层。

客厅

低层、多层住宅的厨房应有直接采光，中高层、高层住宅的厨房也应该有窗户。厨房应设排烟道。厨房的净宽度单排布置设备的，不应小于1.5米，双排布置设备的，不应小于2.1米。

卫浴间

卫浴间应满足三个基本功能，即洗面化妆、沐浴和便溺，而且最好能做分离布置，这样可以避免冲突，其使用面积不宜小于4平方米。从卫浴间的位置来说，单卫的户型应该注意和各个卧室尤其是主卧的联系。双卫或多卫的，至少有一个应设在公共使用方便的位置，但入口不宜对着入户门和起居室。

 水电改造

水路施工 ●●●●●

1. 水路施工材料选用

目前，水路施工中，一般都采用 PPR（聚丙烯）管代替原有过时的管材，如铸铁、PVC 等。铸铁管由于会引发锈蚀问题，因此，使用一段时间后，容易影响水质，同时管材也容易因锈蚀而损坏。PVC 管含有氯的成分，对健康也不好，现在已经被明令禁止作为给水管使用，尤其是热水管更不能使用。如果原有水路采用的是 PVC 管，就应该全部更换。

2. 水路施工流程

画线 ➡ 开槽 ➡ 下料 ➡ 预埋 ➡ 预装 ➡ 检查 ➡ 安装 ➡ 调试 ➡ 修补 ➡ 备案

水路施工容易出现的问题	
一	给水系统安装前，必须检查水管、配件是否有破损、砂眼等；管与配件的连接，必须正确，且加固。给、排水系统布局要合理，尽量避免交叉，严禁斜走。水路应与电路距离 500~1000 毫米以上。燃气式热水的水管出口和淋浴龙头的高度要根据燃具具体要求而定
二	在安装 PPR 管时，热熔接头的温度必须达到 250 ～ 400℃，接熔后接口必须无缝隙、平滑、接口方正。安装 PVC 下水管时要注意放坡，保证下水畅通，无渗漏、倒流现象。当坐便器的排水孔要移位，要考虑抬高高度至少要有 200 毫米。坐便器的给水管必须采用 6 分管（20 ～ 25 铝塑管）以保证冲水压力，其他给水管采用 4 分管（16 ～ 20 铝塑管）；排水要直接到主水管里，严禁用 ϕ50 以下的排水管。不得冷、热水管配件混用
三	明装管道单根冷水管道距墙表面应为 15 ～ 20 毫米，冷热水管安装应左热右冷，平行间距应不小于 200 毫米。明装热水管穿墙体时应设置套管，套管两端应与墙面持平
四	管接口与设备受水口位置应正确。对管道固定管卡应进行防腐处理并安装牢固，墙体为多眼砖墙时，应凿孔并填实水泥砂浆后再进行固定件的安装。当墙体为轻质隔墙时，应在墙体内设置埋件，后置埋件应与墙体连接牢固
五	安装 PVC 管应注意，管材与管件连接端面必须清洁、干燥、无油。去除毛边和毛刺；管道安装时必须按不同管径的要求设置管卡或吊架，位置应正确，埋设要平整，管卡与管道接触应紧密，但不得损伤管道表面；采用金属管卡或吊架时，金属管卡与管道之间采用塑料带或橡胶等软物隔垫

电路施工

1. 电路施工材料选用

① 电线

为了防火、维修及安全,最好选用有长城标志的"国标"塑料或橡胶绝缘保护层的单股铜芯电线,线材槽截面面积一般是:照明用线选用 1.5 平方毫米,插座用线选用 2.5 平方毫米,空调用线不得小于 4 平方毫米。接地线选用绿黄双色线,接开关线(火线)可以用红、白、黑、紫等任何一种,但颜色用途必须一致。

② 穿线管

电路施工涉及空间的定位,所以还要开槽,会使用到穿线管。严禁将导线直接埋入抹灰层,导线在线管中严禁有接头。同时对使用的线管(PVC 阻燃管)进行严格检查,其管壁表面应光滑,壁厚要求达到手指用力捏不破的强度,而且应有合格证书。也可以用符合国标的专用镀锌管作穿线管。国家标准规定应使用管壁厚度为 1.2 毫米的电线管,要求管中电线的总截面面积不能超过塑料管内截面面积的 40%。例如:直径 20 毫米的 PVC 电管只能穿 1.5 平方毫米导线 5 根,2.5 平方毫米导线 4 根。

③ 开关面板和插座

面板的尺寸应与预埋的接线盒的尺寸一致;表面光洁、品牌标志明显,有防伪标志和国家电工安全认证的长城标志;开关开启时手感灵活,插座稳固,铜片要有一定的厚度;面板的材料应有阻燃性和坚固性;开关高度一般为 1200~1350 毫米,距离门框门沿为 150~200 毫米,插座高度一般为 200~300 毫米。

2. 电路施工流程

画线 ➡ 定位 ➡ 开槽 ➡ 预埋 ➡ 穿线 ➡ 安装 ➡ 检测 ➡ 备案

 监工要点

电路施工重点监控

一、预埋:埋设暗盒及敷设 PVC 电线管,线管接处用直接,弯处直接弯 90°。

二、穿线:单股线穿入 PVC 管,要用分色线,接线为左零、右火、上地。

三、检测:通电检测,检查电路是否通顺,如果要检测弱电有无问题,可直接用万用表检测是否通路。

防水施工

1. 柔性防水施工流程

清理基层 ➡ 细部处理 ➡ 配制底胶 ➡ 涂刷底胶 ➡ 细部附加层施工 ➡ 第一遍涂膜 ➡ 第二遍涂膜 ➡ 第三遍涂膜 ➡ 防水层 ➡ 一次试水 ➡ 保护层饰面层施工 ➡ 防水层二次试水 ➡ 防水层检验

2. 防水施工注意事项

① 首先要用水泥砂浆将地面做平（特别是重新做装修的房子），然后再做防水处理。这样可以避免防水涂料因薄厚不均或刺穿防水卷材而造成渗漏。

② 防水层空鼓一般发生在找平层与涂膜防水层之间和接缝处，原因是基层含水率过大，使涂膜空鼓，形成气泡。施工中应控制含水率，并认真操作。

③ 防水层渗漏水，多发生在穿过楼板的管根、地漏、卫生洁具及阴阳角等部位，原因是管根、地漏等部件松动、粘接不牢、涂刷不严密或防水层局部损坏，部件接槎封口处搭接长度不够所造成。所以这些部位一定要格外注意，处理一定要细致，不能有丝毫的马虎。

④ 涂膜防水层涂刷 24 小时未固化仍有粘连现象，涂刷第二道涂料有困难时，可先涂一层滑石粉，在上人操作时，可不粘脚，且不会影响涂膜质量。

 监工要点

防水施工重点监控

一、细部处理：涂刷防水层的基层表面，不得有凸凹不平、松动、空鼓、起砂、开裂等缺陷。

二、细部附加层施工：地面的地漏、管根、出水口、卫生洁具等根部（边沿），阴阳角等部位，应在大面积涂刷前，先做一布二油防水附加层，两侧各压交界缝 200 毫米。涂刷防水材料，具体要求是，在常温 4 小时表干后，再刷第二道涂膜防水材料，24 小时实干后，即可进行大面积涂膜防水层施工。

三、第一遍涂膜：将已配好的聚氨酯涂膜防水材料，用塑料或橡皮刮板均匀涂刮在已涂好底胶的基层表面，每平方米用量为 0.8 千克，不得有漏刷和鼓泡等缺陷，24 小时固化后，可进行第二道涂层。

四、第二遍涂膜：在已固化的涂层上，采用与第一道涂层相互垂直的方向均匀涂刷在涂层表面，涂刷量与第一道相同，不得有漏刷和鼓泡等缺陷。

五、第三遍涂膜：24 小时固化后，再按上述配方和方法涂刮第三道涂膜，涂刮量以 0.4 ~ 0.5 千克 / 平方米为宜。三道涂膜厚度为 1.5 毫米。

六、第一次试水：进行第一次试水，遇有渗漏，应进行补修，至不出现渗漏为止。

吊顶施工

1. 吊顶主要材料

①轻钢骨架分 U 形骨架和 T 形骨架两种，并按荷载分上人和不上人。

②轻钢骨架主件为大、中、小龙骨；配件有吊挂件、连接件、挂插件等。

③零配件：吊杆、花篮螺钉、射钉、自攻螺钉等。

④可选用各种罩面板、铝压缝条或塑料压缝条。

2. 吊顶施工条件

① 结构施工时，应在现浇混凝土楼板或预制混凝土楼板缝，按设计要求间距，预埋 φ6~φ10 钢筋混吊杆，设计无要求时按大龙骨的排列位置预埋钢筋吊杆，一般间距为 900~1200 毫米。

② 当吊顶房间的墙柱为砖砌体时，应在吊顶的标高位置沿墙和柱的四周，砌筑时预埋防腐木砖，沿墙间距为 900 ~ 1200 毫米，预埋每边应埋设木砖两块以上。

③ 安装完顶面各种管线及通风道，确定好灯位、通风口及各种露明孔口位置。

④ 各种材料全部配套备齐。

⑤ 吊顶罩面板安装前应做完墙面和地湿作业工程项目。

⑥ 搭好吊顶施工操作平台架子。

⑦ 轻钢骨架吊顶在大面积施工前，应做样板间。对吊顶的起拱度、灯槽、通风口的构造处理，分块及固定方法等应当经试装并经鉴定认可后方可大面积施工。

 监工要点

吊顶施工重点监控

一、安装大龙骨：在大龙骨上预先安装好吊挂件；将组装吊挂件的大龙骨，按分档线位置使吊挂件穿入相应的吊杆螺母，拧好螺母；采用射钉固定，设计无要求时射钉间距为 1000 毫米。

二、安装中龙骨：中龙骨间距一般为 500 ~ 600 毫米。

三、当中龙骨长度需多根延续接长时，用中龙骨连接件，在吊挂中龙骨的同时相连，调直固定。

四、安装小龙骨：小龙骨间距一般在 500 ~ 600 毫米；当采用"T"形龙骨组成轻钢骨架时，小龙骨应在安装罩面板时，每装一块罩面板先后各装一根卡档小龙骨。

五、刷防锈漆：轻钢骨架罩面板顶棚，焊接处未做防锈处理的表面（如预埋，吊挂件，连接件，钉固附件等），在交工前应刷防锈漆。

3. 吊顶施工注意事项

① 首先应在墙面弹出标高线、造型位置线、吊挂点布局线和灯具安装位置线。在墙的两端固定压线条，用水泥钉与墙面固定牢固。依据设计标高，沿墙面四周弹线，作为顶棚安装的标准线，其水平允许偏差为 ±5 毫米。

② 遇藻井式吊顶时，应从下固定压条，阴阳角用压条连接。注意预留出照明线的出口。吊顶面积大时，应在中间铺设龙骨。

③ 吊点间距应当复验，一般不上人吊顶为 1200~1500 毫米，上人吊顶为 900~1200 毫米。

④ 木龙骨安装要求保证没有劈裂、腐蚀、虫眼、死节等质量缺陷；规格为截面长 30~40 毫米，宽 40~50 毫米，含水率低于 10%。

⑤ 采用藻井式吊顶时，如果高差大于 300 毫米，则应采用梯层分级处理。龙骨结构必须坚固，大龙骨间距不得大于 500 毫米。龙骨固定必须牢固，龙骨骨架在顶、墙面都必须有固定件。木龙骨底面应抛光刮平，截面厚度一致，并应进行阻燃处理。

⑥ 面板安装前应对安装完的龙骨和面板板材进行检查，板面平整，无凹凸，无断裂，边角整齐。安装饰面板应与墙面完全吻合，有装饰角线的可留有缝隙，饰面板之间接缝应紧密。

⑦ 吊顶时应在安装饰面板时预留出灯口位置。饰面板安装完毕，还需进行饰面的装饰作业，常用的材料为乳胶漆及壁纸，其施工方法同墙面施工。

 装修解疑

木龙骨和轻钢龙骨哪个好？

木龙骨和轻钢龙骨都是做吊顶时做基底的材料，相对来说，轻钢龙骨抗变形性能较好，坚固耐用，但是由于轻钢龙骨是金属材质，因此，在做复杂吊顶造型的时候不易施工。木龙骨适于做复杂造型吊顶，但是木龙骨如果风干不好容易变形、发霉。

因此做简单的直线吊顶用轻钢龙骨比较好，要做复杂的艺术吊顶，可以将轻钢龙骨与木龙骨结合起来使用。

 装修建议

吊顶石膏板缝隙处理

吊顶竣工后半年左右，纸面石膏板接缝处往往开始出现裂缝。预防的办法是石膏板吊顶时，要确保石膏板在无应力状态下固定。龙骨及紧固螺丝间距要严格按设计要求施工；整体满刮腻子时要注意，腻子不要刮得太厚。

乳胶漆施工

1. 乳胶漆施工

①主要材料有乳胶漆、胶黏剂、清油、合成树脂溶液、聚醋酸乙烯溶液、白水泥、大白粉、石膏粉、滑石粉、腻子等。

②常用的工具有钢刮板、腻子刀、小桶、托板、橡皮刮板、刮刀、搅拌棒、排笔等。

2. 施工流程

基层处理 ➡ 修补腻子 ➡ 满刮腻子 ➡ 涂刷底漆 ➡ 涂刷面漆（两遍以上）

监工要点

乳胶漆施工重点监控

一、基层处理：确保墙面坚实、平整，用钢刷或其他工具清理墙面，使水泥墙面尽量无浮土、浮沉。在墙面辊一遍混凝土界面剂，尽量均匀，待其干燥后（一般在 2 小时以上），就可以刮腻子了。对于泛碱的基层应先用 3% 的草酸溶液清洗，然后用清水冲刷干净即可。

二、满刮腻子：一般墙面刮两遍腻子即可，既能找平，又能罩住底色。平整度较差的腻子需要在局部多刮几遍。如果平整度极差，墙面倾斜严重，可考虑先刮一遍石膏进行找平，之后再刮腻子。每遍腻子批刮的间隔时间应在 2 小时以上（表干以后）。当满刮腻子干燥后，用砂纸将墙面上的腻子残渣、斑迹等打磨、磨光，然后将墙面清扫干净。

三、打磨腻子：耐水腻子完全上强度之后（5 ~ 7 天）会变得坚实无比，此时再进行打磨就会变得异常困难。因此，建议刮过腻子之后 1 ~ 2 天便开始进行腻子打磨。打磨可选在夜间，用 200 瓦以上的电灯泡贴近墙面照明，一边打磨一边查看平整程度。

四、涂刷底漆：底漆涂刷一遍即可，务必均匀，待其干透后（2 ~ 4 小时）可以进行下一步骤。涂刷每面墙面的顺序宜按先左后右、先上后下、先难后易、先边后面的顺序进行，不得胡乱涂刷，以免漏涂或涂刷过厚、涂料不均匀等。通常情况下用排笔涂刷，使用新排笔时，要注意将活动的毛笔清理干净。干燥后修补腻子，待修补腻子干燥后，用 1 号砂纸磨光并清扫干净。

五、涂刷面漆：面漆通常要刷两遍，每遍之间应相隔 2 ~ 4 小时以上（视其表干时间而定）待其基本干燥。第二遍面漆刷完之后，需要 1 ~ 2 天才能完全干透，在涂料完全干透前应注意防水、防旱、防晒、防止漆膜出现问题。由于乳胶漆漆膜干燥快，所以应连续迅速操作，涂刷时从左边开始，逐渐涂刷向另一边，一定要注意上下顺刷互相衔接，避免出现接槎明显而需另行处理。

3. 施工注意事项

① 基层处理是保证施工质量的关键环节，其中保证墙体完全干透是最基本条件，一般应放置10天以上。墙面必须平整，最少应满刮两遍腻子，至满足标准要求。

② 乳胶漆涂刷的施工方法可以采用手刷、滚涂和喷涂。涂刷时应连续迅速操作，一次刷完。

③ 涂刷乳胶漆时应均匀，不能有漏刷、流坠等现象。涂刷一遍，打磨一遍。一般应两遍以上。

④ 腻子应与涂料性能配套，坚实牢固，不得粉化、起皮、裂纹。卫浴间等潮湿处使用耐水腻子，涂液要充分搅匀，黏度太大可适当加水，黏度小可加增稠剂。施工温度要高于10℃。室内不能有大量灰尘，最好避开雨天施工。

4. 浅色漆覆盖深色漆

如果将浅色乳胶漆直接刷在深色乳胶漆上面，涂遮盖不了会有色差。可以先用240号水砂打磨一遍，然后刷涂一遍白色墙漆，再刷浅色漆。浅色漆比较好调，把要刷的漆一半调色一半白色就可以了。最好买遮盖力比较强的（一般是钛白粉含量高的）乳胶漆。

 装修解疑

冬天可以刷乳胶漆吗？

冬天刷乳胶漆也不是不行。为了尽早住进新居，很多人选择在冬季装修。尽管装修材料有了改善，家装公司也改善了施工工艺，但冬季装修仍然有一些需要注意的问题。刷漆这个工序，更是如此。如果气温低到0℃以下，就必须要停工了；气温在5℃以上，才能刷面漆。

在施工过程中也需要特别注意：如果墙体或表面有潮气或结露，必须要待其干透才可批腻子、刷漆，如果不经处理就直接将墙漆或底漆涂刷上，一旦温度提高就会形成小气泡而导致开裂。另外，每批完一遍腻子，都要认真检查，没有任何阴影才可进行下一步。有阴影就代表有潮气、没干透，此时如果就进行下一遍，到了春季漆面很容易开裂。

冬季施工时，应尽量让房间整体保持一个相对均衡的温度。但是不要用普通照明灯进行烘烤，否则墙体受热不均会造成墙体颜色深浅不一样，使墙面看上去发花。照明灯只能用来检查油漆涂刷得是否平整、均匀，不能用来烘干墙面，这个需要特别注意。

壁纸施工

1. 主要材料

①壁纸：按照确定的材料样品备用齐全，并且按照壁纸的存放要求分类进行保管；在壁

纸进场前对使用的壁纸进行检查，各项指标要达到质量要求，并查看环保检测报告。

②胶黏剂：一般采用与壁纸材料相配套的专用壁纸胶或者在没有指定时采用环保性建筑胶；要求使用的胶黏材料具有合格证和黏结力检验报告。

2. 施工条件

①墙面、顶面壁纸施工前门窗油漆、电器已完成设备安装，影响裱糊的灯具等要拆除，待做完壁纸后再进行安装。

②墙面抹灰要提前完成干燥，基层墙面要干燥、平整、阴阳角应顺直、基层坚实牢固，不得有疏松、掉粉、飞刺、麻点砂粒和裂缝，含水率应符合相关规定。

③地面工程要求施工完毕，不得有较大的灰尘和其他交叉作业。

3. 施工流程

基层处理 ➡ 弹线、预拼 ➡ 裁切 ➡ 润纸 ➡ 刷胶粘剂 ➡ 裱糊 ➡ 修整

 监工要点

壁纸施工重点监控

一、基层处理：刮腻子前，应先在基层刷一层涂料进行封闭，目的是防止腻子粉化、基层吸水；如果是木夹板与石膏板或石膏板与抹灰面的对缝都应粘贴接缝带。

二、弹线、预拼：弹线时应从墙面阴角处开始，将窄条纸的裁切边留在阴角处，原因是在阳角处不得有接缝的出现；如遇门窗部位，应以立边分划为宜，以便于褶角贴立边。

三、裁切：根据裱糊面的尺寸和材料的规格，两端各留出 30~50 毫米，然后裁出第一段壁纸。有图案的材料，应将图形自墙的上部开始对花。裁切时尺子应压紧壁纸后不再移动，刀刃紧贴尺边，连续裁切并标号，以便按顺序粘贴。

四、润纸：塑料壁纸遇水后会自由膨胀，因此在刷胶前必须将塑料壁纸在水中浸泡 2 ~ 3 分钟后取出，静置 20 分钟。如有明水可用毛巾擦掉，然后才能刷胶；玻璃纤维基材的壁纸遇水无伸缩性，所以不需要润纸；复合纸质壁纸由于湿强度较差而禁止润纸，但为了达到软化壁纸的目的，可在壁纸背面均匀刷胶后，将胶面对胶面对叠，放置 4 ~ 8 分钟后上墙；而纺织纤维壁纸也不宜润纸，只需在粘贴前用湿布在纸背稍擦拭一下即可；金属壁纸在裱糊前应浸泡 1 ~ 2 分钟，阴干 5 ~ 8 分钟，然后再在背面刷胶。

五、裱糊：裱糊壁纸时，应按照先垂直面后水平面，然后先细部后大面的顺序进行。其中垂直面先上后下、水平面先高后低。对于需要重叠对花的壁纸，应先裱糊对花，后用钢尺对齐裁下余边。裁切时，应一次切掉不得重割；在赶压气泡时，对于压延壁纸可用钢板刮刀刮平，对于发泡或复合壁纸则严禁使用钢板刮刀，只可使用毛巾或海绵赶平。

地砖铺贴

1. 主要材料

① 水泥：硅酸盐水泥、普通硅酸盐水泥。其标号不应低于 42.5 级，并严禁混用不同品种、不同级别等级的水泥。

② 沙：中沙或粗沙，过 8 毫米孔径筛子，其含泥量不应大于 3%。

③ 瓷砖有出厂合格证，抗压、抗折及规格品种均符合设计要求，外观颜色一致、表面平整（水泥花砖要求表面平整、光滑、图案花纹正确）、边角整齐、无翘曲及窜角。

2. 施工条件

① 内墙 +50 厘米水平标高线已弹好，并校核无误。

② 墙面抹灰、屋面防水和门框已安装完。

③ 地面垫层以及预埋在地面内各种管线已做完。穿过楼面的竖管已安装完，管洞已堵塞密实。有地漏的房间应找好泛水。

3. 施工流程

基层处理 ➡ 贴饼、冲筋 ➡ 铺结合层砂浆 ➡ 弹线 ➡ 泡砖 ➡ 铺砖 ➡ 压平、拔缝 ➡ 嵌缝 ➡ 养护

 监工要点

地砖施工重点监控

一、贴饼、冲筋：根据墙面的 50 线弹出地面建筑标高线和踢脚线上口线，然后在房间四周做灰饼。灰饼表面应比地面建筑标高低一块砖的厚度。厨房及卫生间内陶瓷地砖应比楼层地面建筑标高低 20 毫米，并从地漏和排水孔方向做放射状标筋，坡度应符合设计要求。

二、泡砖：将选好的陶瓷地砖清洗干净，放入清水中浸泡 2 ~ 3 小时后，取出晾干备用。

三、铺砖：铺砖的顺序依次为：按线先铺纵横定位带，定位带间隔 15 ~ 20 块砖，然后铺定位带内的陶瓷地砖；从门口开始，向两边铺贴；也可按纵向控制线从里向外倒着铺；踢脚线应在地面做完后铺贴；楼梯和台阶踏步应先铺贴踢板，后铺贴踏板，镶边部分应先铺镶；铺砖时，应抹素水泥浆，并按陶瓷地砖的控制线铺贴。

四、压平、拔缝：每铺完一个房间或区域，用喷壶洒水后大约 15 分钟用木槌垫硬木拍板按铺砖顺序拍打一遍，不得漏拍，在压实的同时用水平尺找平。压实后，拉通线先竖缝后横缝进行拔缝调直，使缝口平直、贯通。调缝后，再用木槌、拍板拍平。如陶瓷地砖有破损，应及时更换。

4. 施工注意事项

① 混凝土地面应将基层凿毛，凿毛深度5~10毫米，凿毛痕的间距为30毫米左右。清干净浮灰、砂浆、油渍，将地面洒水刷扫。或用掺108胶的水泥砂浆拉毛。抹底子灰后，底层六七成干时，进行排砖弹线。基层必须处理合格。基层湿水可提前一天实施。

② 铺贴陶瓷地面砖前，应先将陶瓷地面砖浸泡两小时以上，以砖体不冒泡为准，取出晾干待用。以免影响其凝结硬化，发生空鼓、起壳等问题。

③ 铺贴时，水泥砂浆应饱满地抹在陶瓷地面砖背面，铺贴后用橡皮锤敲实。同时，用水平尺检查校正，擦净表面水泥砂浆。铺粘时遇到管线、灯具开关、卫生间设备的支承件等，必须用整砖套割吻合。

④ 铺贴完2~3小时后，用水泥、砂子比例为1∶1（体积比）的水泥砂浆填缝，缝要填充密实，平整光滑。再用棉丝将表面擦净。铺贴完成后，2~3小时内不得上人。陶瓷锦砖应养护4~5天才可上人。

6. 地面瓷砖、石材铺设时间

地面石材、瓷质砖铺装是技术性较强、劳动强度较大的施工项目。一般地面石材的铺装，在基层地面已经处理完、辅助材料齐备的前提下，每个工人每天铺装6平方米左右。如果加上前期基层处理和铺贴后的养护，每个工人每天实际铺装4平方米左右。地面瓷质砖的铺装工期比地面石材铺装略少一天。如果地面平整，板材质量好、规格较大，施工工期可以缩短。在成品保护的条件下，地面铺装可以和油漆施工、安装施工平行作业。

装修解疑

砖面被污染了怎么洗？

对于墙面砖污染的治理，一般采用专用化学溶剂进行清洗。有些工人直接采用酸溶剂进行清洗，这种方法虽然对除掉污垢比较有效，但其副作用也比较明显，应尽量避免使用。例如，盐酸不仅会溶解泛白物，而且对砂浆和勾缝材料也有腐蚀作用，会造成表面水泥硬膜剥落，光滑的勾缝面会腐蚀成粗糙面，甚至露出砂粒。

装修建议

地面勾缝技巧

在对地砖地面进行勾缝时，很多时候由于工人的操作不熟练导致勾缝不均匀，或者勾缝剂污染地砖，尤其是对于釉面砖和抛光砖这类容易渗入的地砖，一旦被污染，哪怕只是很小的一点也会给整体效果留下瑕疵。因此，在对地砖进行勾缝时，最好在砖的边缘用纸胶带实施粘贴保护，这样地砖就不会受到勾缝剂的污染。

木地板铺装

1. 主要材料

① 地板铺设施工所使用的主要材料有各种类别的木地板、毛地板、木格栅、垫木、撑木、胶黏剂、处理剂、橡胶垫、防潮纸、防锈漆、地板漆、地板蜡等。

② 木地板的类别有实木地板、复合地板和竹木地板等，而目前大多数家庭都选择实木地板或者复合地板作为装修的主要地面材料。

2. 施工条件

① 铺装木地板要等吊顶和内墙面的装修施工完毕，门窗和玻璃全部安装完好后进行。

② 按照设计要求，事先把要铺设地板的基层做好（大多是水泥地面），基层表面应平整、光洁、不起尘，含水率不大于 8%。安装前应清扫干净，必要时在其面上涂刷绝缘脂或油漆。房间平面如果是矩形，其相邻墙体必须相互垂直。

③ 铺装地板面层，必须待室内各项工程完工和超过地板面承载的设备进入房间预定位置之后，方可进行，不得交叉施工；也不得在房间内加工。相邻房间内部也应全部完工。

3. 实铺法实木地板施工流程

基层清理 ➡ 弹线、找平 ➡ 地面防潮、防水处理 ➡ 安装固定木格栅、垫木和撑木 ➡ 钉毛地板 ➡ 地板抛光、打磨 ➡ 油漆、上蜡

4. 空铺法实木地板施工流程

地垄墙找平 ➡ 铺防潮层 ➡ 弹线 ➡ 找平、安装固定木格栅、垫木和撑木 ➡ 钉毛地板 ➡ 找平、刨平 ➡ 铺设地板 ➡ 弹线、安装踢脚线 ➡ 抛光、打磨 ➡ 油漆、上蜡

🔗 **监工要点**

实木地板施工重点监控

一、基层清理：实铺法施工时，要将基层上的砂浆、垃圾、尘土等彻底清扫干净；空铺法施工时，地垄墙内的砖头、砂浆、灰屑等应全部清扫干净。

二、实铺法安装固定木格栅、垫木：当基层锚件为预埋螺栓时，在隔栅上画线钻孔，与墙之间注意留出30毫米的缝隙，将隔栅穿在螺栓上，拉线，用直尺找平隔栅上平面，在螺栓处垫调平垫木；当基层预埋件为镀锌钢丝时，隔栅按线铺上后，拉线，将预埋钢丝把隔栅绑扎牢固；调平垫木，应放在绑扎钢丝处。锚固件不得超过毛地板的底面。垫木宽度不少于5毫米，长度是隔栅底宽的1.5～2倍。

三、空铺法安装固定木格栅、垫木：在地垄墙顶面，用水准仪找平、贴灰饼，抹1:2水泥砂浆找平层。砂浆强度达到15兆帕后，干铺一层油毡，垫通长防腐、防蛀垫木。按设计要求，弹出隔栅线。铺钉时，隔栅与墙之间留30毫米的空隙。将地垄墙上预埋的10号镀锌钢丝绑扎隔栅。隔栅调平后，在隔栅两边钉斜钉子与垫木连接。隔栅之间每隔800毫米钉剪刀撑木。

四、钉毛地板：毛地板铺钉时，木材髓心向上，接头必须设在隔栅上，错缝相接，每块板的接头处留2～3毫米的缝隙，板的间隙不应大于3毫米，与墙之间留8～12毫米的空隙。然后用63毫米的钉子钉牢在隔栅上。板的端头各钉两颗钉子，与隔栅相交位置钉一颗钉帽砸扁的钉子。并应冲入地板面2毫米，表面应刨平。钉完，弹方格网点找平，边刨平边用直尺检测，使表面同一水平度与平整度达到控制要求后方能铺设地板。

五、安装踢脚线：先在墙面上弹出踢脚线上的上口线，在地板面弹出踢脚线的出墙厚度线，用50毫米钉子将踢脚线上下钉牢再嵌入墙内的预埋木砖上。值得注意的是，墙上预埋的防腐木砖，应突出墙面与粉刷面齐平。接头锯成45°斜口，接头上下各钻两个小孔，钉入钉帽打扁的铁钉，冲入2～3毫米。

六、抛光、打磨：抛光、打磨是地板施工中的一道细致工序，因此，必须机械和手工结合操作。抛光机的速度要快，磨光机的粗细砂布应根据磨光的要求更换，应顺木纹方向抛光、打磨，其磨削总量控制在0.3～0.8毫米以内。凡抛光、打磨不到位或粗糙之处，必须手工细刨，用细砂纸打磨。

七、油漆、打蜡：地板磨光后应立即上漆，使之与空气隔断，避免湿气侵袭地板。先满刮腻子两遍，用砂纸打磨洁净，再均匀涂刷地板漆两遍。表面干燥后，打蜡、擦亮。

5. 施工注意事项

① 实铺地板要先安装地龙骨，然后再进行木地板的铺装。

② 龙骨的安装应先在地面做预埋件，以固定木龙骨，预埋件为螺栓及铅丝，预埋件间距为800毫米，从地面钻孔下入。

③ 实铺实木地板应有基面板，基面板使用大芯板。

④ 地板铺装完成后，先用刨子将表面刨平刨光，将地板表面清扫干净后涂刷地板漆，进

行抛光上蜡处理。

⑤ 所有木地板运到施工安装现场后，应拆包在室内存放一个星期以上，使木地板与居室温度、湿度相适应后才能使用。

⑥ 木地板安装前应进行挑选，剔除有明显质量缺陷的不合格品。将颜色花纹一致的铺在同一房间，有轻微质量缺欠但不影响使用的，可摆放在床、柜等家具底部使用，同一房间的板厚必须一致。购买时应按实际铺装面积增加 10% 的损耗，一次购买齐备。

⑦ 铺装木地板的龙骨应使用松木、杉木等不易变形的树种，木龙骨、踢脚板背面均应进行防腐处理。

⑧ 铺装实木地板应避免在大雨、阴雨等气候条件下施工。施工中最好能够保持室内温度、湿度的稳定。

⑨ 同一房间的木地板应一次铺装完，因此要备有充足的辅料，并要及时做好成品保护，严防油渍、果汁等污染表面。安装时挤出的胶液要及时擦掉。

⑩ 木地板粘贴式铺贴要确保水泥砂浆地面不起砂、不空裂，基层必须清理干净。基层不平整应用水泥砂浆找平后再铺贴木地板。基层含水率不应大于 15%。粘贴木地板涂胶时，要薄且均匀。相邻两块木地板高差不超过 1 毫米。

6. 木地板表面不平处理办法

主要原因是基层不平或地板条变形起拱所致。在安装施工时，应用水平尺对龙骨表面找平，如果不平应垫垫木调整。龙骨上应做通风小槽。板边距墙面应留出 10 毫米的通风缝隙。保温隔音层材料必须干燥，防止木地板受潮后起拱。木地板表面平整度误差应在 1 毫米以内。

 装修解疑

是不是地板越宽铺装效果越好？

有些商家经常鼓吹，木地板板面越宽，铺装效果越好。但实际上，宽幅地板的生产工艺并不比窄板高，甚至有的会更低，价格高显然不合理。而且由于采用拼装铺设，宽幅地板容易因地面的平整度不够而产生噪声问题，遇有热胀冷缩时，大块木地板更容易离缝、反弹等。因此家庭使用宽幅木地板并不明智，通常的最佳尺寸是长度 600 毫米以下，宽度 75 毫米以下，厚度 12 ~ 18 毫米。

🔍 地毯铺装

1. 主要材料

① 地毯的品种、规格、主要性能和技术指标必须符合设计要求。应有出厂合格证明。

② 胶黏剂：一般采用天然乳胶添加增稠剂、防霉剂等制成的胶黏剂。无毒、不霉、速干、0.5 小时之内使用张紧器时不脱缝。

③ 倒刺钉板条：在 1200 毫米 ×24 毫米 ×6 毫米的三合板条上钉有两排斜钉（间距为 35~40 毫米），还有 5 个高强钢钉均匀分布在全条上（钢钉间距约 400 毫米，距两端各约 100 毫米）。

④ 铝合金倒刺条：用于地毯端头露明处，起固定和收头作用。多用在外门口或其他材料的地面相接处。

⑤ 铝压条：宜采用厚度为 2 毫米左右的铝合金材料制成，用于门框下的地面处，压住地毯的边缘，使其免于被踢起或损坏。

2. 作业条件

① 在地毯铺设之前，室内硬装修必须完毕。

② 铺设地毯的基层，要求表面平整、光滑、洁净，如有油污，须用丙酮或松节油擦净。

③ 应事先把需铺设地毯的房间、走道等四周的踢脚板做好。踢脚板下口应离开地面 8 毫米左右，以便将地毯毛边掩入踢脚板下。

3. 固定式铺设施工流程

基层清理 ➡ 弹线、套方、分格、定位 ➡ 地毯剪裁 ➡ 钉倒刺板挂毯条 ➡ 铺设衬垫 ➡ 铺设地毯 ➡ 细部处理及清理

4. 施工注意事项

① 在铺装地毯前必须进行实量，测量墙角，准确记录各角角度。根据计算的下料尺寸在地毯背面弹线、裁割，以免造成浪费。

② 地毯铺装对基层地面的要求较高，地面必须平整、洁净，含水率不得大于 8%，并已安装好踢脚板，踢脚板下沿至地面间隙应比地毯厚度大 2 ~ 3 毫米。

③ 倒刺板固定式铺设沿墙边钉倒刺板，倒刺板距踢脚板 8 毫米。

④ 接缝处应用胶带在地毯背面将两块地毯粘贴在一起，要先将接缝处不齐的绒毛修齐，

并反复揉搓接缝处绒毛，至表面看不出接缝痕迹为止。

⑤ 粘接铺设时刮胶后晾置 5 ~ 10 分钟，待胶液变得干黏时铺设。

⑥ 地毯铺设后，用撑子针将地毯拉紧、张平，挂在倒刺板上。用胶粘贴的地毯铺平后用毡辊压出气泡，防止以后发生变形。多余的地毯边裁去，清理拉掉的纤维。

⑦ 裁割地毯时应沿地毯经纱裁割，只割断纬纱，不割断经纱，对于有背衬的地毯，应从正面分开绒毛，找出经纱、纬纱后裁割。

⑧ 注意成品保护，用胶粘贴的地毯，24 小时内不许随意踩踏。

 监工要点

地毯施工重点监控

一、地毯剪裁

地毯裁剪应在比较宽阔的地方集中统一进行。一定要精确测量房间尺寸，并按房间和所用地毯型号逐一登记编号。然后根据房间尺寸、形状用裁边机断下地毯料，每段地毯的长度要比房间长出 2 厘米左右，宽度要以裁去地毯边缘线后的尺寸计算。弹线裁去边缘部分，然后以手推裁刀从毯背裁切，裁好后卷成卷编上号，放入对号房间里，大面积房厅应在施工地点剪裁拼缝。

二、钉倒刺板挂毯条

沿房间或走道四周踢脚板边缘，用高强水泥钉将倒刺板钉在基层上（钉朝向墙的方向），其间距约 40 厘米。倒刺板应离踢脚板面 8~10 毫米，以便于钉牢倒刺板。

三、铺设地毯

1. 缝合地毯：将裁好的地毯虚铺在垫层上，然后将地毯卷起，在接缝处缝合。缝合完毕，用塑料胶纸贴于缝合处，保护接缝处不被划破或勾起，然后将地毯平铺，用弯针在接缝处做绒毛密实的缝合。

2. 拉伸与固定地毯：先将毯的一条长边固定在倒刺板上，毛边掩到踢脚板下，用地毯撑子拉伸地毯。拉伸时，用手压住地毯撑，用膝撞击地毯撑，从一边一步一步地推向另一边。如一遍未能拉平，应重复拉伸，直至拉平为止。然后将地毯固定在另一条倒刺板上，掩好毛边。长出的地毯，用裁割刀割掉。一个方向拉伸完毕，再进行另一个方向的拉伸，直至四个边都固定在倒刺板上。

3. 铺粘地毯时，先在房间一边涂刷胶粘剂后，铺放已预先裁割的地毯，然后用地毯撑子，向两边撑拉；再沿墙边刷两条胶粘剂，将地毯压平掩边。

四、细部处理和清理

要注意门口压条的处理，以及门框、走道与门厅，地面与管根、暖气罩、槽盒、走道与卫生间门槛，楼梯踏步与过道平台，内门与外门，不同颜色地毯交接处和踢脚板等部位地毯的套割与固定和掩边工作，必须粘接牢固，不应有显露、后找补条等问题。地毯铺设完毕，固定收口条后，应用吸尘器清扫干净，并将毯面上脱落的绒毛等彻底清理干净。

木门窗安装

1. 主要材料

① 木门窗（包括纱门窗）：由木材加工厂供应的木门窗框和扇必须是经检验合格的产品，并具有出厂合格证，进场前应对型号、数量及门窗扇的加工质量全面进行检查（其中包括缝子大小、接缝平整、几何尺寸是否正确及门窗的平整度等）。

② 五金件：钉子、木螺丝、合页、插销、拉手、挺钩、门锁等小五金型号、种类及其配件准备。

2. 作业条件

① 门窗框和扇安装前应先检查有无窜角、翘扭、弯曲、劈裂，如果有以上情况应先进行修理。

② 门窗框靠地的一面应刷防腐漆，其他各面及扇均应涂刷一道清油。刷油后分类码放平整，底层应垫平、垫高。每层框与框、扇与扇之间垫木板条通风。

③ 安装外窗以前应从上往下吊垂直，找好窗框位置，上下不对应者应先进行处理。安装前应调试，50 线提前弹好，并在墙体上标好安装位置。

④ 门框的安装应依据图纸尺寸核实后进行安装，并按图纸开启方向要求安装时注意裁口方向。安装高度按室内 50 线控制。

⑤ 门窗框安装应在抹灰前进行。门扇和窗扇的安装宜在抹灰完成后进行，如窗扇必须先行安装时应注意成品保护，防止碰撞和污染。

3. 施工流程

找规矩弹线、找出门窗框安装位置 ➡ 掩扇及安装样板 ➡ 窗框、扇安装 ➡ 门框安装 ➡ 门扇安装

4. 施工注意事项

① 在木门窗套施工中，首先应在基层墙面内打孔，下木模。木模上下间距小于 300 毫米，每行间距小于 150 毫米。

② 然后按设计门窗贴脸宽度及门口宽度锯切大芯板，用圆钉固定在墙面及门洞口，圆钉要钉在木模子上。检查底层垫板牢固安全后，可作防火阻燃涂料涂刷处理。

③ 门窗套饰面板应选择图案花纹美观、表面平整的胶合板，胶合板的树种应符合设计要求。

④ 裁切饰面板时，应先按门洞口及贴脸宽度弹出裁切线，用锋利裁刀裁开，对缝处刨 45°，背面刷乳胶液后贴于底板上，表层用射钉枪钉入无帽直钉加固。

⑤ 门洞口及墙面接口处的接缝要求平直，45° 对缝。饰面板粘贴安装后用木角线封边收口，角线横竖接口处刨 45° 接缝处理。

 监工要点

木门窗安装重点监控

一、找规矩弹线：轻质隔墙应预设带木砖的混凝土块，以保证其门窗安装的牢固性。

二、窗框、扇安装：弹线安装窗框、扇应考虑抹灰层的厚度，并根据门窗尺寸、标高、位置及开启方向，在墙上画出安装位置线。有贴脸的门窗，立框时应与抹灰面平，有预制水磨石板的窗，应注意窗台板的出墙尺寸，以确定立框位置。中立的外窗，如外墙为清水砖墙勾缝时，可稍移动，以盖上砖墙立缝为宜。窗框的安装标高，以墙上弹 +50 厘米平线为准，用木楔将框临时固定于窗洞内，为保证与相隔窗框的平直，应在窗框下边拉小线找直，并用铁水平尺将平线引入洞内作为立框时标准，再用线坠校正吊直。黄花松窗框安装前先对准木砖钻眼，便于钉钉。

三、木门框安装：应在地面工程施工前完成，门框安装应保证牢固，门框应用钉子与木砖钉牢，一般每边不少于两处固定，间距不大于 1.2 米。若隔墙为加气混凝土条板时，应按要求间距预留 45 毫米的孔，孔深 7 ~ 10 厘米，并在孔内预埋木橛粘 108 胶水泥浆加入孔中（木橛直径应大于孔径 1 毫米以使其打入牢固）。待其凝固后再安门框。

四、钢门框安装：安装前先找正套方，防止在运输及安装过程中产生变形，并应提前刷好防锈漆；门框应按设计要求及水平标高、平面位置进行安装，并应注意成品保护；后塞口时，应按设计要求预先埋设铁件，并按规范要求每边不少于两个固定点，其间距不大于 1.2 米；钢门框按图示位置安装就位，检查型号标高，位置无误，及时将框上的铁件与结构预埋铁件焊好焊牢。

五、门扇安装：

1. 检查门口是否尺寸正确，边角是否方正，有无窜角；检查门口高度应量门口的两侧；检查门口宽度应量门口的上、中、下三点并在扇的相应部位定点画线。

2. 将门扇靠在框上划出相应的尺寸线，如果扇大，则应根据框的尺寸将大出部分刨去，若扇小应绑木条，用胶和钉子钉牢，钉帽要砸扁，并钉入木材内 1 ~ 2 毫米。

3. 第一修刨后的门扇应以能塞入口内为宜，塞好后用木楔顶住临时固定。按门扇与口边缝宽合适尺寸，画第二次修刨线，标上合页槽的位置（距门扇的上、下端 1/10，且避开上、下冒头）。同时应注意口与扇安装的平整。

4. 门扇二次修刨，缝隙尺寸合适后即安装合页。应先用线勒子勒出合页的宽度，根据上、下冒头 1/10 的要求，钉出合页安装边线，分别从上、下边线往里量出合页长度，剔合页槽时应留线，不应剔得过大、过深。

5. 安装对开扇：将门扇的宽度用尺量好再确定中间对口缝的裁口深度。如采用企口榫时，对口缝的裁口深度及裁口方向应满足装锁的要求，然后将四周修刨到准确尺寸。

🔍 卫浴洁具安装

1. 洗手盆安装注意事项

① 洗手盆产品应平整无损裂。排水栓应有不小于 8 毫米直径的溢流孔。

② 排水栓与洗手盆连接时，排水栓溢流孔应尽量对准洗手盆溢流孔，以保证溢流部位畅通，镶接后排水栓上端面应低于洗手盆底。

③ 托架固定螺栓可采用不小于 6 毫米的镀锌开脚螺栓或镀锌金属膨胀螺栓（如墙体是多孔砖，则严禁使用膨胀螺栓）。

④ 洗手盆与排水管连接后应应牢固密实，且便于拆卸，连接处不得敞口。洗手盆与墙面接触部应用硅膏嵌缝。

⑤ 如洗手盆排水存水弯和水龙头是镀铬产品，在安装时不得损坏镀层。

装修解疑

一般洗手盆的高度是多少？

一般来说标准的洗手盆高度为 800 毫米左右，这是从地面到洗手盆的上部来计算的，这个是比较符合人体工学的高度。此外，具体的安装高度还要根据家庭成员的高矮和使用习惯来确定，具体高度要结合实际情况进行适当的调整。

2. 坐便器安装注意事项

①给水管安装角阀高度一般为地面至角阀中心 250 毫米，如安装连体坐便器应根据坐便器进水口离地高度而定，但不小于 100 毫米，给水管角阀中心一般在污水管中心左侧 150 毫米或根据坐便器实际尺寸定位。

③ 带水箱及连体坐便器具水箱后背部离墙应不大于 20 毫米。

④ 坐便器安装应用不小于 6 毫米镀锌膨胀螺栓固定，坐便器与螺母间应用软性垫片固定，污水管应露出地面 10 毫米。

⑤ 坐便器安装时应先在底部排水口周围涂满油灰，然后将坐便器排出口对准污水管口慢慢地往下压挤密实并填平整，再将垫片螺母拧紧，清除被挤出油灰，在底座周边用油灰填嵌密实后立即用回丝或抹布揩擦清洁。

⑥ 冲水箱内溢水管高度应低于扳手孔 30 ～ 40 毫米，以防进水阀门损坏时水从扳手孔溢出。

3. 蹲便器安装注意事项

① 蹲便器安装前，先检查排污管及产品内通道是否有异物。

② 先试着固定蹲便安装位置、高度，以及排污口和排污管如何对接，之后把蹲便器取走。

③ 安装进水管和水箱，进水管内径 28 毫米左右，水箱底部至蹲便器进水口中的距离为 1500~1800 毫米。如安装管式，手压在 0.2 兆帕以上，用水量 9 升。

4. 浴缸安装注意事项

① 在安装裙板浴缸时，其裙板底部应紧贴地面，楼板在排水处应预留 250～300 毫米洞孔，便于排水安装，在浴缸排水端部墙体设置检修孔。

② 其他各类浴缸可根据有关标准或用户需求确定浴缸上平面高度，然后砌两条砖基础后安装浴缸。如浴缸侧边砌裙墙，应在浴缸排水处设置检修孔或在排水端部墙上开设检修孔。

③ 各种浴缸冷、热水龙头或混合龙头其高度应高出浴缸上平面 150 毫米。安装时应不损坏镀铬层，镀铬罩与墙面应紧贴。

④ 固定式淋浴器、软管淋浴器其高度可按有关标准或按用户需求安装。

⑤ 浴缸安装上平面必须用水平尺校验平整，不得侧斜。浴缸上口侧边与墙面结合处应用密封膏填嵌密实。

⑥ 浴缸排水与排水管连接应牢固密实，且便于拆卸，连接处不得敞口。

5. 地漏安装注意事项

地漏是卫生间施工非常重要的一个环节，要特别注意以下几点。

① 一般新房交房时排水的预留孔都比较大，这就需要注意整修排水预留孔，使其和买回来的地漏吻合。

② 地漏水封高度要达到 50 毫米，才能不让排水管道内的污气泛入室内。

③ 地漏应低于地面 10 毫米左右，排水流量不能太小，否则容易造成阻塞。

④ 如果安装的是多通道地漏，应注意地漏的进水口不宜过多，如果一个本体就有三四个进水口，不仅影响地漏的排水量，也不符合实际使用需要。一般有两个进水口就可以满足使用需要了。

⑤ 如果地漏四周很粗糙，则容易挂住头发、污泥，造成堵塞，还特别容易滋生细菌。

⑥ 地漏箅子的开孔孔径应该在 6～8 毫米之间，这样才能有效防止头发、污泥、沙粒等污物进入地漏。

 装修建议

花洒和卫浴间镜子安装高度标准

① 浴室花洒安装高度一般是根据使用者身高来决定的，以使用者举手后手指刚好碰到的高度为准。但是，一般家庭成员肯定是高矮不一的，所以标准的高度可以选择在 2 米处安装。

②卫浴间镜子的高度要以家里中等身材的人为标准去衡量，一般可以考虑镜子中心到地面 1.5 米左右。家中身材中等的人站在镜子前，他的头在整个高度的四分之三处最合适，按这种高度安装的镜子就基本照应到了家里所有成员。

另外，如果镜子是安装在洗脸盆上方，其底边最好离台面 10~15 厘米。镜子旁边还可以装个能够前后伸缩的镜子，这样可以方便全方位照到自己。

开关、插座、灯具安装

1. 开关、插座安装注意事项

① 开关、插座的面板不平整，与建筑物表面之间有缝隙，应调整面板后再拧紧固定螺钉，使其紧贴建筑物表面。

② 开关未断火线，插座的火线、零线及地线压接混乱，应按要求进行改正。

③ 多灯房间开关与控制灯具顺序不对应。在接线时应仔细分清各路灯具的导线，依次压接，并保证开关方向一致。

④ 固定面板的螺钉不统一（有一字和十字螺钉）。为了美观，应选用统一的螺钉。

⑤ 同一房间的开关、插座的安装高度差超出允许偏差范围，应及时更正。

⑥ 铁管进盒护口脱落或遗漏。安装开关、插座接线时，应注意把护口带好。

⑦ 开关、插座面板已经上好，但盒子过深（大于 2.5 厘米），未加套盒处理，应及时补上。

⑧ 开关、插销箱内拱头接线，应改为鸡爪接导线总头，再分支导线接各开关或插座端头。或者采用 LC 安全型压线帽压接总头后，再分支进行导线连接。

 监工要点

开关、插座安装重点监控

一、开关的安装宜在灯具安装后，开关必须串联在火线上；在潮湿场所应用密封或保护式插座；面板垂直度允许偏差不大于 1 毫米；成排安装的面板之间的缝隙不大于 1 毫米。

二、开关安装后应方便使用，同一室内同一平面开关必须安排在同一水平线上并按最常用的顺序排列。

三、开关插座后面的线宜理顺并做成波浪状置于底盒内。

四、开关、插座面板上的接线采用插入压接方式，导线端剥去 10 毫米绝缘层，插入接线端子孔用螺栓压紧，如端子孔较大或螺栓稍短导线不能被压紧，可将线头剥掉些，折回成双线插入。

五、开关要装在火线上。在一块面板上有多个开关时，各个开关要分别接线，各开关上的导线要单独穿管，有几个开关就应有几根进线管接在接线盒上。把开关向上扳时为开灯。跷板开关安装时有红点的朝上，注意不要装反，按跷板下半部为开。

六、在一块面板上的多个插座，有些是一体化的，只有三个接线端子，各个插座内部接线已经用边片接好；有些插座是分体的，需要用短线把各个插座并联起来。插座内火线、零线和地线要按规定位置连接，不能接错。

七、安装面板时，将接好的导线及接线盒内的导线接头，在盒内盘好压紧，把面板扣在接线盒上，用螺钉将面板固定在盒上。固定时要注意面板应平整，不能歪斜，扣在墙面上要严密，不能有缝隙。用螺钉把下层面板固定好后，再把装饰面盖上。

2. 灯具安装注意事项

① 在所有灯具安装前，应先检查验收灯具，查看配件是否齐全，有玻璃的灯具玻璃是否破碎，预先说明各个灯的具体安装位置，并注明于包装盒上。

② 采用钢管做灯具吊杆时，钢管内径不应小于 10 毫米，管壁厚度不应小于 1.5 毫米。

③ 同一室内或同一场所成排安装的灯具，应先定位，后安装，其中心偏差不大于 2 毫米。

④ 灯具组装必须合理、牢固，导线接头必须牢固、平整。有玻璃的灯具，固定其玻璃时，接触玻璃处须用橡皮垫子，且螺钉不能拧得过紧。

⑤ 灯具重量大于 3 千克时，应采用预埋吊钩或从屋顶用膨胀螺栓直接固定支吊架安装（不能用龙骨支架安装灯具）。从灯头箱盒引出的导线应用软管保护至灯位，防止导线裸露在平顶内。

3. 吊灯灯槽尺寸

其实灯槽的作用就是把灯带隐蔽起来，让吊顶显得更有立体感。从美观的角度来讲做个灯槽要好一些，不过，从实用的角度来讲确实也没有太大的作用。

灯槽尺寸往往都是结合层高和吊顶来考虑，一般都是高 15~18 厘米，深度 20 厘米左右。有的可能高就 8~9 厘米，深也只有十几厘米，只要放得下灯，也是可以的。有的地方习惯反过来做，也完全没有问题。

4. 电线接头处理注意事项

有些电工在安装插座、开关和灯具时，不按施工要求接线，把接头接到墙内或管内，这样如果以后这条线因接头连接处不良或是电流过大时烧坏接头，维修就会很麻烦。尤其在业主使用一些耗电量较大的热水器、空调等电器时，造成开关、插座发热甚至烧毁，给业主带来很大的损失。一般来说，在家装中是不应有接头的，特别是在线管内更不能有接头，如果有接头也应该是在电线盒内，这样才能保证电线接头不发生打火、短路和接触不良的现象。

 装修解疑

强电箱和弱电箱要不要安装？

家居的强电箱一般在房屋的建筑设计中就已经布置好，在装修时可能在各个位置加设插座等，主要是控制回路，可以让电工处理好强电箱内的控制键并标好标签，一旦有问题时可以知道如何进行维修。而对于弱电箱而言，目前的设计中一般是复式、跃层等的套型面积较大的房子才会用上，户型面积不大的家庭装修基本上用不上弱电箱。此外，弱电中的电视、电话、宽带等都是末端设置，基本上是每个房间都有一个弱电插座，装修过程中可以不安装。

壁柜、吊柜及固定家具安装

1. 作业条件

① 结构工程和有关壁柜、吊柜的构造连体已具备安装壁柜和吊柜的条件，室内已有标高水平线。

② 壁柜框、扇进场后及时将加工品靠墙、贴地，顶面应涂刷防腐涂料，其他各面应涂刷底油一道，然后分类码放平整，底层垫平、保持通风。

③ 壁柜、吊柜的框和扇，在安装前应检查有无窜角、翘扭、弯曲、壁裂，如有以上缺陷，应整修合格后，再进行拼装。吊柜钢骨架应检查规格，有变形的应修正合格后进行安装。

④ 壁柜、吊柜的框安装应在抹灰前进行；扇的安装应在抹灰后进行。

2. 施工注意事项

① 吊柜的安装应根据不同的墙体采用不同的固定方法。

② 底柜安装应先调整水平旋钮，保证各柜体台面、前脸均在一个水平面上，两柜连接使用木螺钉，后背板通管线、表、阀门等应在背板画线打孔。

③ 安装洗物柜底板下水孔处要加塑料圆垫，下水管连接处应保证不漏水、不渗水，不得使用各类胶黏剂连接接口部分。

④ 安装不锈钢水槽时，保证水槽与台面连接缝隙均匀、不渗水。

⑤ 安装水龙头，要求安装牢固，上水连接不能出现渗水现象。

⑥ 抽油烟机的安装，注意吊柜与抽油烟机罩的尺寸配合，应达到协调统一。

 监工要点

安装重点监控

一、框、架安装：壁柜、吊柜的框和架应在室内抹灰前进行，安装在正确位置后，两侧框每个固定件钉2个钉子与墙体木砖钉固，钉帽不得外露。

二、壁柜隔板支点安装：木隔板的支点，一般是将支点木条钉在墙体木砖上，混凝土隔板一般是"匚"形铁件或设置角钢支架。

壁（吊）柜扇安装：按扇的安装位置确定五金型号、对开扇裁口方向，一般应以开启方向的右扇为盖口扇。安装时应将合页先压入扇的合页槽内，找正拧好固定螺钉，试装时修合页槽的深度等，调好框扇缝隙，框上每支合页先拧一个螺钉，然后关闭，检查框与扇平整、无缺陷，符合要求后将全部螺钉安上拧紧。木螺钉应钉入全长1/3，拧入2/3，如框、扇为黄花松或其他硬木时，合页安装螺钉应划位打眼，孔径为木螺钉直径的0.9，眼深为木螺钉长度的2/3。

完美验收确保品质

施工验收是家庭装修中必不可少的环节，了解一定的施工验收知识有助于检验并解决施工过程中可能产生的各种问题，及入住后难以发现的细节问题。掌握验收知识，可以在施工材料进场时，对材料的质量进行验收；在每一个工种施工结束后，进行相应的工种验收。如水电验收、瓦工验收、木工验收、油漆工验收等等。

材料进场验收

1. 材料进场验收

在家庭装修过程中，与装修材料有关的纠纷非常多，归根结底，无外乎人们常说的"施工方的以次充好"，以及"业主的材料供应影响施工进度和质量"这两个方面的原因。如果业主在进行装修的时候能够把好材料进场验收这一关，则能够有效地避免这两方面的问题。一般来说，家庭装修中，对于材料的进场验收要做好以下几点：

① 通知合同另一方材料验收的时间。材料采购以后，购买方就需要通知另一方准备对材料进行验收，而且这个验收最好是安排在材料进场时立即进行。所以，约定验收时间非常必要，以免出现材料进场时，另一方没有时间对材料进行验收，影响施工进度。

② 材料验收时装修合同中规定的验收人员必须到场。家装合同本身就是一份法律文书，一定要认真对待，最好在合同中明确规定材料验收责任人，这样即使出现问题也能够切实保障业主的权益。如果验收时规定的验收人不到场（验收人员又没有合同约定的

验收人授权），或者验收人到场但没有负起验收的责任，都会导致出现材料问题。

③ 验收程序必须严格。验收人对合同中规定的每一个材料约定都应该进行必要的检查，如质量、规格、数量等。

④ 合同中规定的验收人应在验收单上签字。如果检查结果是材料合格，验收人就应该在材料验收单上签字，这样做才是一个较完整的过程。

2. 装修材料进场顺序

家装工程虽然不算大工程，但是装修中所需主材和辅材数量也不少，各种装修主材和辅材并不是在家装工程开工后就一股脑地搬进新房内，也不是在开工之后再一件一件地开始选建材，装修主材和辅材进场有其一定的顺序，业主一定要特别注意。现在一般装修业主都是选择装修辅材由装修公司负责，装修主材自己购买，所以业主只需操心装修主材购买的顺序，保证装修主材的供应能跟上家装工程的进度。一般材料的进场顺序如下表所示：

家装材料进场顺序表

序号	材料	施工阶段	准备内容
1	防盗门	开工前	最好一开工就能给新房安装好防盗门,防盗门的定做周期一般为一周左右
2	水泥、沙子、腻子等辅料	开工前	一般不需要提前预订
3	龙骨、石膏板等	开工前	一般不需要提前预订
4	白乳胶、原子灰、砂纸等辅料	开工前	木工和油漆工都可能需要用到这些辅料
5	滚刷、毛刷、口罩等工具	开工前	一般不需要提前预订
6	热水器、小厨宝	水电改前	其型号和安装位置会影响水电改造方案和橱柜设计方案
7	卫浴洁具	水电改前	其型号和安装位置会影响水电改造方案
8	水槽、面盆	橱柜设计前	其型号和安装位置会影响水改方案和橱柜设计方案
9	抽油烟机、灶具	橱柜设计前	其型号和安装位置会影响电改方案和橱柜设计方案
10	排风扇、浴霸	电改前	其型号和安装位置会影响电改方案
11	橱柜、浴室柜	开工前	墙体改造完毕就需要商家上门测量,确定设计方案,其方案还可能影响水电改造方案
12	水路改造材料	开工前	墙体改造完就需要工人开始工作,这之前要确定施工方案和确保所需材料到场
13	电路改造材料	开工前	墙体改造完就需要工人开始工作,这之前要确定施工方案和确保所需材料到场
14	室内门	开工前	墙体改造完毕就需要商家上门测量
15	门窗	开工前	墙体改造完毕就需要商家上门测量
16	防水材料	瓦工入场前	卫生间先要做好防水工程,防水涂料不需要预定

续表

序号	材料	施工阶段	准备内容
17	瓷砖、勾缝剂	瓦工入场前	有时候有现货，有时候要预订，所以先计划好时间
18	石材	瓦工入场前	窗台，地面，过门石，踢脚线都可能用石材，一般需要提前三四天确定尺寸预订
19	地漏	瓦工入场前	瓦工铺贴地砖时同时安装
20	吊顶材料	瓦工开始	瓦工铺贴完瓷砖三天左右就可以做吊顶，一般吊顶需要提前三四天确定尺寸预订
21	乳胶漆	油工入场前	墙体基层处理完毕就可以刷乳胶漆，一般到超市直接购买
22	木工板及钉子等	木工进场前	不需要提前预订
23	油漆	油工入场前	不需要提前预订
24	地板	较脏的工程完成后	最好提前一周订货，以防挑选的花色缺货，安排前两三天预约
25	壁纸	地板安装后	进口壁纸需要提前20天左右订货，但为防止缺货，最好提前一个月订货，铺装前两三天预约
26	门锁、门吸、合页等	基本完工后	不需要提前预订
27	玻璃胶及胶枪	开始全面安装前	很多五金洁具安装时需要打一些玻璃胶密封
28	水龙头、厨卫五金件等	开始全面安装前	一般款式不需要提前预订，如果有特殊要求可能需要提前一周
29	镜子等	开始全面安装前	如果定做镜子，需要四五天制作周期
30	灯具	开始全面安装前	一般款式不需要提前预订，如果有特殊要求可能需要提前一周
31	开关、面板等	开始全面安装前	一般不需要提前预订
32	升降晾衣架	开始全面安装前	一般款式不需要提前预订，如果有特殊要求可能需要提前一周

序号	材料	施工阶段	准备内容
33	地板蜡、石材蜡等	保洁前	可以买好点的蜡让保洁人员在自己家中使用
34	窗帘	完工前	保洁后就可以安装窗帘了，窗帘需要一周左右的订货周期
35	家具	完工前	保洁后就可以让商家送货了
36	家电	完工前	保洁后就可以让商家送货安装了
37	配饰	完工前	装饰品、挂画等配饰，保洁后就可以自己选购了

3. 选材的基本原则

家装材料的好坏直接影响装饰后的效果，而且还给今后的生活带来一定的影响。因此，在家装材料的选择上要慎重。一般来说，对于普通家庭装修而言，在材料的应用与选择上需要注意以下几个原则。

① 环保原则。住宅内的有害气体、超标辐射等污染一般都是由家装材料造成的，已经成为住宅污染的一个主要方面。因此，在选择材料时一定要考虑到环保的因素。要选择通过国家环保认证的建材，千万不要使用国家已明令禁止的或淘汰的建材，宁可不装修或少装修，也不要用那些对人体有害的材料，把好室内装饰装修第一关。

② 实用原则。装饰材料并不是越高档越好，应和住宅的使用性能结合起来，以实用为本。装饰材料不应该仅考虑装饰效果，还应该考虑其对住宅环境条件的改善。例如，室内吊顶和隔墙材料的选用应以纸面石膏板为主，这种材料不仅价格低，而且防火、防霉变，又能吸声隔热，调节住宅湿度。

③ 平衡原则。在确定装修档次时一定要考虑自己的经济条件，量力而行。在一些不会影响整体装修质量和效果的部位可以选择一些档次稍微低一点的材料，适当控制成本。而在一些关键部位，如地面、供水排水、电器的选择就应该以质量为第一，考虑其易损耗的特点做到一步到位，宁可多花钱也不能日后再维修。这样一来，就把整体装修成本进行了平衡，既不会过度增加成本，又取得了较好的效果，还经济实惠。

④ 创新原则。在住宅家装材料的选择上，突出创新是很关键的。可选择一些新型、突破常规的材料，这不仅能体现室内设计的现代和超前性，而且容易彰显个性。

🔍 水路施工质量验收

1. 水路施工中容易出现的问题

① 工人进场时，要检查原房屋是否有裂缝，各处水管及接头是否有渗漏；检查卫浴设备及其功能是否齐全，设计是否合理，酌情修改方案；并做 24 小时蓄水实验；检查的结果业主应签字。

② 用符合国家标准的后壁热镀管材、PPR 管或铝塑管，并按功能要求施工，PPR 管材连接方式为焊接，PVC 管为胶接；管道安装横平竖直，布局合理，应高于地面 350 毫米以便于拆装、维修；管道接口螺纹应 8 牙以上，进管必须 5 牙以上，冷水管道生料带 6 圈以上，热水管道必须采用铅油，油麻不得反方向回纹。

③ 水系统安装前，必须检查水管、配件是否有破损、砂眼等；管与配件的连接，必须正确，且加固。给、排水系统布局要合理，尽量避免交叉，严禁斜走。水路应与电路距离 500~1000 毫米以上。燃气式热水的水管出口和淋浴龙头的高度要根据燃具具体要求而定。

④ 安装 PPR 管时，热熔接头的温度必须达到 250~400℃，熔接后接口必须无缝隙、平滑、接口方正。安装 PVC 下水管时要注意放坡，保证下水畅通，无渗漏、倒流现象。如果坐便器的排水孔要移位，其抬高高度至少要有 200 毫米。坐便器的给水管必须采用 6 分管（20~25 铝塑管）以保证冲水压力，其他给水管采用 4 分管（16~20 铝塑管）；排水要直接到主水管里，严禁用 φ50 以下的排水管。不得冷、热水管配件混用。

水路验收表

序号	检验标准	是否符合	
1	管道工程施工除符合工艺要求外，还应符合国家有关标准规范	是	否
2	给水管道与附件、器具连接严密，经通水实验无渗水	是	否
3	排水管道应畅通，无倒坡，无堵塞，无渗漏，地漏箅子应略低于地面	是	否
4	管材外观质量：管壁颜色一致，无色泽不均匀及分解变色线，内外壁应光滑、平整无气泡、裂口、裂纹、脱皮、痕纹及碰撞凹陷。公称外径不大于 32 毫米，盘管卷材调直后截断面应无明显椭圆变形	是	否
5	管检验压力，管壁应无膨胀、无裂纹、无泄漏	是	否
6	冷热水间距一般不小于 150 ～ 200 毫米	是	否
7	明管、主管管外皮距墙面距离一般为 25 ～ 35 毫米	是	否
8	阀门注意方面：低进高出，沿水流方向	是	否

🔍 电路施工质量验收

电路施工中容易出现的问题

① 强弱电走线需保持距离。设计布线时，执行强电走上，弱电在下，横平竖直。强、弱电穿管走线的时候不能交叉，要分开。一定要穿管走线，切不可在墙上或地下开槽后明铺电线之后，用水泥封堵了事，给以后的故障检修带来麻烦。另外，穿管走线时电视线和电话线应与电力线分开，以免发生漏电伤人毁物甚至着火的事故。

② 电线须有明确的颜色区别。电线应选用铜质绝缘电线或铜质塑料绝缘护套线，保险丝要使用铅丝，严禁使用铅芯电线或铜丝做保险丝。施工时要使用三种不同颜色外皮的塑质铜芯导线，以便区分火线、零线和接地保护线，切不可图省事用一种或两种颜色的电线完成整个工程。

③ 电线敷设必须配阻燃 PVC 管。插座用 SG20 管，照明用 SG16 管。当管线长度超过 15 米或有两个直角弯时，应增设拉线盒。顶棚上的灯具位设拉线盒固定。PVC 管应用管卡固定。PVC 管接头均用配套接头，用 PVC 胶水粘牢，弯头均用弹簧弯曲。暗盒，拉线盒与 PVC 管用锣接固定。

④ 电源线与通信线不得穿入同一根管内。电源线及插座与电视线及插座的水平间距不应小于 500 毫米。电线与暖气、热水、燃气管之间的平行距离不应小于 300 毫米，交叉距离不应小于 100 毫米。

⑤ 电线接头做好保护措施。穿入配管导线的接头应设在接线盒内，线头要留有余量 150 毫米，接头搭接应牢固，绝缘带包缠应均匀紧密。安装电源插座时，面向插座的左侧应接零线，右侧应接火线，中间上方应接接地保护线。接地保护线为 2.5 平方毫米的双色软线。

电路验收表

序号	检验标准	是否符合
1	所有房间灯具使用正常	是　否
2	所有房间电源及空调插座使用正常	是　否
3	所有房间电话、音响、电视、网络使用正常	是　否
4	有详细的电路布置图，标明线路规格及线路走向	是　否
5	灯具及其支架牢固端正，位置正确，有木台的安装在木台中心	是　否
6	导线与灯具连接牢固紧密，不伤灯芯，压板连接时无松动，水平无斜。螺栓连接时，在同一端子上导线不超过两根，防松垫圈等配件齐全	是　否

墙砖施工质量验收

墙面砖施工常见的质量问题

① 墙面砖空鼓与脱壳。墙面砖在施工完毕后，在使用过程中出现空鼓和脱壳等问题。首先要对粘贴好的面砖进行检查，如发现有空鼓和脱壳时，应查明空鼓和脱壳的范围，画好周边线，用切割机沿线割开，然后将空鼓和脱壳的面砖和粘接层清理干净，而后用与原有面层料相同的材料进行铺贴，要注意铺粘接层时要先刮墙面、后刮面砖背面，随即将面砖贴上，要保持面砖的横竖缝与原有面砖相同、相平，经检查合格后勾缝。

② 铺好的墙面砖受到污染，造成"花面"。对于墙面砖污染的处理，一般采用化学溶剂进行清洗。采用酸洗的方法虽然对除掉污垢比较有效，但其副作用也比较明显，应尽量避免。如盐酸不仅会溶解泛白物，而且对砂浆和勾缝材料也有腐蚀作用，会造成表面水泥硬膜剥落，光滑的勾缝面会被腐蚀成粗糙面，甚至会露出砂粒。

③ 砖缝间的颜色深浅不一。墙面砖在粘贴完毕后，砖与砖和缝与缝之间的颜色深浅不同，使得墙面颜色不均匀，影响了装饰效果。在粘贴前，墙面砖的选择一定要是同产地、同规格、同颜色、同炉号的墙面砖产品。粘贴时，要确保勾缝质量，保证勾缝宽窄一致、深浅相同，不得采用水泥净浆进行勾缝，应采用专用的勾缝材料。

④ 施工时为了节省成本，用非整砖随意拼凑粘贴。如果非整砖的拼凑过多，会直接影响装饰效果和观感质量，尤其是门窗口处，易造成门口、窗口弯曲不直，给人以琐碎之感。

 质量问题要点

墙面砖开裂、变色

由于瓷砖的质量不好，材质疏松及吸水率大，其抗压、抗拉、抗折性能均相应地下降。在冻融转换、干缩的作用下，产生内应力作用而开裂，裂纹的形状有单块条裂和几块通缝裂、冰炸纹裂等多种，严重影响了美观性和使用性；在粘贴前泡水时，瓷砖没有泡透或粘贴时砂浆中的浆水从瓷砖背面渗入砖体内，并从面层上反映出来，造成瓷砖变色，影响了装饰效果。因而应选用材质密实、吸水率小、质地较好的瓷砖，并在泡水时一定要泡至不冒气泡为准，且不少于2小时。在操作时不要大力敲击砖面，防止产生隐伤，并随时将砖面上的砂浆擦拭干净。

陶瓷墙砖施工质量快速验收表

序号	检验标准	是否符合	
1	陶瓷墙砖的品种、规格、颜色和性能应符合设计要求	是	否
2	陶瓷墙砖粘贴必须牢固	是	否
3	满粘法施工的陶瓷墙砖工程应无空鼓、裂缝	是	否
4	陶瓷墙砖表面应平整、洁净，色泽一致，无裂痕和缺损	是	否
5	阴阳角处搭接方式、非整砖的使用部位应符合设计要求	是	否
6	墙面突出物周围的陶瓷墙砖应整砖套割吻合，边缘应整齐。墙裙、贴脸突出墙面的厚度应一致	是	否
7	陶瓷墙砖接缝应平直、光滑，填嵌应连续、密实；宽度和深度应符合要求	是	否

马赛克施工质量快速验收表

序号	检验标准	是否符合	
1	在施工前宜先对材质本身先做一次验收，确认颗粒是否完整	是	否
2	马赛克缝隙间距是否一致	是	否
3	是否有上防护漆	是	否
4	马赛克花纹拼图是否一致，没有错乱	是	否
5	马赛克粘贴质量是否过关	是	否
6	马赛克粘贴有无翘边	是	否
7	陶瓷墙砖接缝应平直、光滑，填嵌应连续、密实；宽度和深度应符合要求	是	否

🔍 乳胶漆与油漆施工质量验收

1. 乳胶漆施工应注意的质量问题

① 透底：产生原因是漆膜薄，因此刷乳胶漆时除应注意不漏刷外，还应保持乳胶漆的黏稠度，不可加水过多。

② 接槎明显：涂刷时要上下刷顺，后一排笔紧接前一排笔，若间隔时间稍长，就容易看出明显接槎，因此大面积涂刷时，应配足人员，互相衔接。

③ 刷纹明显：乳胶漆黏度要适中，排笔蘸量要适当，多理多顺，防止刷纹过大。

④ 分色线不齐：施工前应认真划好粉线，刷分色线时要靠放直尺，用力均匀，起落要轻，排笔蘸量要适当，从左向右刷。

⑤ 涂刷带颜色的乳胶漆时，配料要合适，保证独立面每遍用同一批乳胶漆，并宜一次用完，保证颜色一致。

乳胶漆施工质量快速验收表

序号	检验标准	是否符合
1	所用乳胶漆的品种、型号和性能应符合设计要求	是　否
2	墙面涂刷的颜色、图案应符合设计要求	是　否
3	墙面应涂饰均匀、粘结牢固，不得漏涂、透底、起皮和掉粉	是　否
4	基层处理应符合要求	是　否
5	表面颜色应均匀一致	是　否
6	不允许或允许少量轻微出现泛碱、咬色等质量缺陷	是　否
7	不允许或允许少量轻微出现流坠、疙瘩等质量缺陷	是　否
8	不允许或允许少量轻微出现砂眼、刷纹等质量缺陷	是　否

2. 油漆工程常见质量问题

① 油漆色泽不均匀。色泽不均匀是油漆施工中较常见的质量问题，通常情况下发生在上底色、涂色漆及刮色腻子的过程中，严重影响了装饰效果。在油漆施工过程中，应将基层处理干净。腻子应水分少而油性多，腻子配制的颜色应由浅到深，着色腻子应一次性配成，不得任意加色。另外，涂刷完毕的饰面，要加强保护，要防止水状物质接触饰面，其他油渍、污渍等更加不允许。

② 油漆发生流坠现象。在垂直饰面的表面或凹凸饰面的表面，容易发生流坠现象。轻者如水珠状，重者如帐幕下垂，用手摸有明显的凸出感，严重影响了装饰效果。在油漆刚产生流坠时，可立即用油漆刷子轻轻地将流淌的痕迹刷平。如果是黏度较大的油漆，可用干净的油漆刷子蘸松节油在流坠的部位刷一遍，以使流坠部分重新溶解，然后用油漆刷子将流坠推开拉平。如果漆膜已经干燥，对于轻微的流坠可用细砂纸将流坠打磨平整，而对于大面积的流坠，可用水砂纸打磨，在修补腻子后再满涂一遍即可。

③ 施工后的油漆表面粗糙。施工后发现漆膜中的颗粒较多，表面较粗糙。如果漆膜出现颗

粒且表面粗糙，可用细水砂纸蘸着温肥皂水，仔细将颗粒打平、磨滑、抹干水分、擦净灰尘，然后重新涂刷一遍。对于高级装修的饰面可用水砂纸打磨平整后上光蜡使表面光亮，以此遮盖漆膜表面粗糙的缺陷。

木材表面涂饰施工质量验收表

序号	检验标准	是否符合	
1	木材表面涂饰工程所用涂料的品种、型号和性能应符合要求	是	否
2	木材表面涂饰工程的颜色、图案应符合要求	是	否
3	木材表面涂饰工程应涂饰均匀、黏结牢固，不得漏涂、透底、起皮和掉粉	是	否
4	木材表面涂饰工程的表面颜色应均匀一致	是	否
5	木材表面涂饰工程的光泽度与光滑度应符合设计要求	是	否
6	木材表面涂饰工程中不允许出现流坠、疙瘩、刷纹等的质量缺陷	是	否
7	木材表面涂饰工程的装饰线、分色线直线度的尺寸偏差不得大于 1 毫米	是	否

🔍 饰面板施工质量验收

1. 饰面板施工应注意的质量问题

① 石材饰面板的表面有隐伤和风化等缺陷。由于石材饰面板在进场时没有经过认真的检查，导致施工中使用了表面有隐伤和风化的石材饰面板，不仅影响装饰效果，而且还存在着安全隐患。在购买时就要注意石材饰面板的外观质量。

② 天然花岗石用于室内装饰。天然花岗石与天然大理石不同，目前市场上所销售的天然大理石的放射性污染基本都在国家标准以上，但天然花岗石则不同，在市场上很少可以找到符合国家放射性标准的材质。所以，如果想用天然石材，尽量不要使用天然花岗石作为室内的装饰材料。

③ 饰面板施工没做预排。饰面板在施工时，没有进行认真排板且套割也不整齐，在饰面板安装前，要认真进行预排板，非整板不得放在显要位置。横竖向排板时，门窗洞口两侧应排整板。套割要整齐，不得有毛槎、破边等缺陷存在。

木质饰面板施工质量验收表

序号	检验标准	是否符合
1	木质饰面板的品种、规格、颜色和性能应符合设计要求，木龙骨、木饰面板的燃烧性能等级应符合要求	是　否
2	木质饰面板的孔、槽数量、位置及尺寸应符合要求	是　否
3	木质饰面板的表面应平整、洁净、色泽一致，无裂痕和缺损	是　否
4	木质饰面板的嵌缝应密实、平直，宽度和深度应符合设计要求，嵌填材料色泽应一致	是　否

铝合金饰面板施工质量验收表

序号	检验标准	是否符合
1	铝合金饰面板的品种、规格、颜色和性能应符合要求	是　否
2	铝合金饰面板安装工程的预埋件、连接件的数量、规格、位置、连接方法和防腐处理必须符合设计要求。后置埋件的现场拉拔强度也必须符合设计要求。铝合金饰面板的安装必须牢固	是　否
3	铝合金饰面板的表面应平整、洁净、色泽一致，无裂痕和缺损	是　否
4	铝合金饰面板的嵌缝应密实、平直，宽度和深度应符合设计要求	是　否

2. 石材工程常见质量问题

① 石材出现水斑问题。当石材出现水斑问题时，如果只在石材的表面，用清水冲洗即可除去；如果已沿毛细孔渗透到石材里面，则很难清除，对这种情况必须加强防护。在水斑发生后，应尽快对石材进行防水处理，阻止水分继续进入，使水斑不再扩大。

② 水泥砂浆的硬度不够。结合层必须采用干硬水泥砂浆铺设，如砂浆过稀，不仅结合层铺贴不易平整，当砂浆中水分蒸发后会导致板块空鼓。摊铺的水泥砂浆应高出板块建筑标高2～3毫米，用橡皮锤垫木板敲击至建筑标高为止。

③ 施工前没有试拼。面层施工前，应按板块的品种、颜色、规格尺寸、花纹图案及所铺房间的大小进行试拼、编号排定，以免图案、花纹混乱。

大理石饰面板施工质量验收表

序号	检验标准	是否符合	
1	大理石饰面板的品种、规格、颜色和性能应符合要求	是	否
2	大理石饰面板安装工程的预埋件、连接件的数量、规格、位置、连接方法和防腐处理必须符合设计要求。后置埋件的现场拉拔强度也必须符合设计要求。大理石饰面板的安装必须牢固	是	否
3	大理石饰面板的表面应平整、洁净、色泽一致，无裂痕和缺损。石材表面应无泛碱等污染	是	否
4	大理石饰面板的嵌缝应密实、平直，宽度和深度应符合设计要求，嵌填材料色泽应一致	是	否
5	采用湿作业法施工的大理石饰面板工程，石材应进行防碱背涂处理，饰面板与基体之间的灌注材料应饱满密实	是	否
6	大理石饰面板上的孔洞应套割吻合，边缘应整齐	是	否

🔍 壁纸与软包施工质量验收

1. 壁纸施工常见质量问题

① 壁纸接缝处不垂直。壁纸施工完毕后，壁纸接缝不垂直；或者接缝虽然垂直，但花纹不与纸边平行而造成花纹不垂直。如果壁纸接缝或花纹的垂直度有较小的偏差时，为了节约成本，可忽略不计；如果壁纸接缝或花纹的垂直度有较大的偏差时，则必须将壁纸全部撕掉，重新粘贴施工，但施工前一定要把基层处理干净。

② 壁纸间的间隙较大。在使用一段时间后，发现相邻的两幅壁纸间的间隙较大。如果相邻的两幅壁纸间的离缝距离较小时，可用与壁纸颜色相同的乳胶漆点描在缝隙内，漆膜干燥后一般不易显露；如相邻的两幅壁纸间的离缝距离较大时，可用相同的壁纸进行补救，但不允许显出补救痕迹。

③ 壁纸表面有明显褶皱。在壁纸粘贴后，表面上有明显的褶皱及棱脊凸起的死褶，且凸起的部分无法与基层粘接牢固，影响了装饰效果。如是在壁纸刚刚粘贴完时就发现有死褶，且胶黏剂未干燥，这时可将壁纸揭下来重新进行裱糊；如胶黏剂已经干透，则需要撕掉壁纸，重新进行粘贴，但施工前一定要把基层处理干净。

壁纸裱糊施工质量验收表

序号	检验标准	是否符合	
1	壁纸的种类、规格、图案、颜色和燃烧性能等级必须符合要求	是	否
2	壁纸应粘贴牢固，不得有漏贴、补贴、脱层、空鼓和翘边等现象	是	否
3	裱糊后各幅拼接应横平竖直，拼接处花纹、图案应吻合、不离缝、不搭接，且拼缝不明显	是	否
4	裱糊后壁纸表面应平整，色泽应一致，不得有波纹起伏、气泡、裂缝、褶皱和污点，且斜视应无胶痕	是	否
5	复合压花壁纸的压痕及发泡壁纸的发泡层应无损坏	是	否
6	壁纸与各种装饰线、设备线盒等应交接严密	是	否
7	壁纸边缘应平直整齐，不得有纸毛、飞刺	是	否
8	壁纸的阴角处搭接应顺光，阳角处应无接缝	是	否

2. 软包施工常见质量问题

① 基层没有作防潮处理。当基层不平或有鼓包时，会造成软包面不平而影响美观；当基层没有作防潮处理时，就会造成基层板变形或软包面发霉，影响装饰效果。另外，还要利用涂刷清油或防腐涂料对基层进行防腐处理，同样要达到设计要求。

② 软包接缝处胶黏剂涂刷过少。由于软包饰面的接缝或边缘处胶黏剂的涂刷过少，导致了胶黏剂干燥后出现翘边、翘缝的现象，既影响装饰效果，又影响使用功能。在软包施工时，胶黏剂应涂刷满刷且均匀，在接缝或边缘处可适当多刷些胶黏剂。胶黏剂涂刷后，应赶平压实，多余的胶黏剂应及时清除。

软包施工质量验收表

序号	检验标准	是否符合	
1	软包面料、内衬材料及边框的材质、图案、颜色、燃烧性能等级和木材的含水率必须符合要求	是	否
2	软包工程的安装位置及构造做法应符合要求	是	否
3	软包工程的龙骨、衬板、边框应安装牢固，无翘曲，拼缝应平直	是	否

序号	检验标准	是否符合
4	单块软包面料不应有接缝，四周应绷压严密	是　否
5	软包工程表面应平整、洁净，无凹凸不平及褶皱；图案应清晰、无色差，整体应协调美观	是　否
6	软包边框应平整、顺直、接缝吻合。其表面涂饰质量应符合涂饰工程的有关规定	是　否
7	清漆涂饰木制边框的颜色、木纹应协调一致	是　否

吊顶施工质量验收

吊顶工程常见质量问题

① 吊顶时没对龙骨做防火、防锈处理。如果一旦出现火情，火是向上燃烧的，那么吊顶部位会直接接触到火焰，因此如果木龙骨不进行防火处理，造成的后果不堪设想；由于吊顶属于封闭或半封闭的空间，通风性较差且不易干燥，如果轻钢龙骨没有进行防锈处理，很容易生锈，影响使用寿命，严重的可能导致吊顶坍塌。所以，在施工中应按要求对木龙骨进行防火处理，并要符合有关防火规定；对于轻钢龙骨，在施工中也要按要求对其进行防锈处理，并符合相关防锈规定。

② 吊顶的吊杆布置不合理。如果由于吊杆间距的布置不合理，造成间距过大；或者在与设备相遇时，取消吊杆，造成受力不均匀。这种施工很容易出现吊顶变形甚至坍塌，存在严重的安全隐患。所以，在布置吊杆时，应按设计要求弹线，确定吊杆的位置，其间距不应大于 1.2 米。且吊杆不能与其他设备的吊杆混用，当吊杆与其他设备相遇时，应视情况酌情调整并增加吊杆数量。

③ 吊顶不顺直。轻钢龙骨吊顶的龙骨在安装好后，主龙骨和次龙骨在纵横方向上存在着不顺直、有扭曲的现象。如果吊顶不顺直等质量问题较严重，就一定要拆除返工。如果情况不是十分严重，则可利用吊杆或吊筋螺栓调整龙骨的拱度，或者对于膨胀螺栓或射钉的松动、脱焊等造成的不顺直，采取补钉、补焊的措施。

④ 木龙骨拱度不均匀。木龙骨安装好后，其下表面的拱度不均匀，个别处呈现波浪形。如果木龙骨吊顶龙骨的拱度不均匀，可利用吊杆或吊筋螺栓的松紧调整龙骨的拱度。如果吊杆被钉劈裂而使节点松动时，必须将劈裂的吊杆更换。如果吊顶龙骨的接头有硬弯时，应将硬弯处的夹板起掉，调整后再钉牢。

⑤ 石膏板吊顶的拼接处不平整。在施工中没有对主、次龙骨进行调整，或固定螺栓的排列顺序不正确，多点同时固定，造成了在拼接缝处的不平整、不严密及错位等现象，从而影响装饰效果。所以，在安装主龙骨后，应及时检查其是否平整，然后边安装边调试，一定要满足板面的平整要求；在用螺栓固定时，其正确顺序应从板的中间向四周固定，不得多点同时作业。

吊顶施工质量验收表

序号	检验标准	是否符合	
1	吊顶的标高、尺寸、起拱和造型是否符合设计的要求	是	否
2	饰面材料的材质、品种、规格、图案和颜色应符合设计要求。当饰面材料为玻璃板时，应使用安全玻璃或采取可靠的安全措施	是	否
3	饰面材料的安装应稳固严密。饰面材料与龙骨的搭接宽度应大于龙骨受力面宽度的 2/3	是	否
4	吊杆、龙骨的材质、规格、安装间距及连接方式应符合设计要求。金属吊杆、龙骨应进行表面防腐处理；木龙骨应进行防腐、防火处理	是	否
5	明龙骨吊顶工程的吊杆和龙骨安装必须牢固	是	否
6	暗龙骨吊顶工程的吊杆、龙骨和饰面材料的安装必须牢固	是	否
7	石膏板的接缝应按其施工工艺标准进行板缝防裂处理。安装双层石膏板时，面板层与基层板的接缝应错开，并不得在同一根龙骨上接缝	是	否
8	饰面材料表面应洁净、色泽一致，不得有曲翘、裂缝及缺损。饰面板与明龙骨的搭接应平整、吻合，压条应平直、宽窄一致	是	否
9	饰面板上的灯具、烟感器、喷淋等设备的位置应合理、美观，与饰面板的交接应严密吻合	是	否
10	金属龙骨的接缝应平整、吻合、颜色一致，不得有划伤、擦伤等表面缺陷	是	否
11	木质龙骨应平整、顺直、无劈裂	是	否
12	吊顶内填充吸声材料的品种和铺设厚度应符合设计要求，并应有防散落措施	是	否

地面铺砖质量验收

地面铺砖常见质量问题

① 地砖有空鼓声。地面砖空鼓或松动的处理方法较简单，用小木槌或橡皮锤逐一敲击检查，发现空鼓或松动的地面砖做好标记，然后逐一将地面砖掀开，去掉原有结合层的砂浆并清理干净，用水冲洗后晾干；刷一道水泥砂浆，按设计的厚度刮平并控制好均匀度，而后将地面砖的背面残留砂浆刮除，洗净并浸水晾干，再刮一层胶黏剂，压实拍平即可。

② 马赛克上有空鼓声。发现有局部的脱落现象，应将脱落的马赛克揭开，用小型快口的凿子将粘接层凿低 3 毫米，用建筑装饰胶黏剂补贴并加强养护即可。当有大面积的脱落时，必须按照施工工艺标准重新返工。

③ 地漏接口没有安装防水托盘。卫生间地面铺砖前，应检查楼层上地漏接口是否安装好防水托盘并低于地面建筑标高 20 毫米；坐便器和浴缸在楼板上的预留排水口是否高出地面建筑标高 10 毫米；地面防水层完工后其蓄水实验、地漏泛水、防水层四周贴墙翻边高度等是否检验合格。

④ 混凝土地面没有凿毛。混凝土地面应将基层凿毛，凿毛深度 5~10 毫米，凿毛痕的间距为 30 毫米左右。清净浮灰、砂浆、油渍，将地面洒水刷扫，或用掺 108 胶的水泥砂浆拉毛。抹底子灰后，底层六七成干时，进行排砖弹线。

⑤ 非整砖拼凑过多。如果非整砖的拼凑过多，会直接影响到装饰效果和观感质量，尤其是门窗口处，易造成门口、窗口弯曲不直，给人以琐碎的感觉。粘贴前应预先排砖，使得拼缝均匀。在同一面墙上横竖排列，不得有一上一下的非整砖，且非整砖的排列应放在次要部位。

质量问题要点

墙面砖开裂、变色

由于季节的变化，尤其在夏季和冬季，温差变化较大，地面砖在这个时期容易出现爆裂或起拱的质量问题。可将爆裂或起拱的地面砖掀起，沿已裂缝的找平层拉线，用切割机切缝，缝宽控制在 10~15 毫米，而后灌柔性密封胶。结合层可用干硬性水泥砂浆铺刮平整铺贴地面砖，也可用建筑装饰胶黏剂。铺贴地面砖要准确对缝，将地面砖的缝留在锯割的伸缩缝上，缝宽控制在 10 毫米左右。

陶瓷地砖铺贴质量验收表

序号	检验标准	是否符合	
1	面层所用的板块的品种、质量必须符合设计要求	是	否
2	面层与下一层的结合（黏结）应牢固，无空鼓	是	否
3	砖面层的表面应洁净、图案清晰、色泽一致、接缝平整、深浅一致、周边直顺。板块无裂纹、掉角和缺棱等缺陷	是	否
4	面层邻接处的镶边用料及尺寸应符合设计要求，边角整齐且光滑	是	否
5	踢脚线表面应洁净、高度一致、结合牢固、出墙厚度一致	是	否
6	楼梯踏步和台阶板块的缝隙宽度应一致、齿角整齐。楼段相邻踏步高度差不应大于 10 毫米，且防滑条应顺直	是	否
7	瓷砖表面的坡度应符合设计要求，不倒泛水、无积水，与地漏、管道结合处应严密牢固，无渗漏	是	否

石材地面铺贴质量验收表

序号	检验标准	是否符合	
1	大理石、花岗岩面层所用板块的品种、质量应符合设计要求	是	否
2	面层与下一层的结合（黏结）应牢固，无空鼓	是	否
3	大理石、花岗岩面层的表面应洁净、图案清晰、色泽一致、接缝平整、深浅一致、周边顺直。板块无裂纹、掉角和缺棱等缺陷	是	否
4	石材踢脚线表面应洁净、高度一致、结合牢固、出墙厚度一致	是	否
5	石材楼梯踏步和台阶板块的缝隙宽度应一致、齿角整齐。楼段相邻踏步高度差不应大于 10 毫米，且防滑条应顺直、牢固	是	否
6	石材面层表面的坡度应符合设计要求，不倒泛水、无积水，与地漏、管道结合处应严密牢固，无渗漏	是	否

地板铺设质量验收

1. 地板铺设常见质量问题

① 材质不符合要求。一定要把住地板配套系列材质的入场关，必须符合现行国家标准和规范的规定。要有产品出厂合格证，必要时要做复试。大面积施工前应进行试铺工作。

② 面层高低不平。要严格控制好楼地面面层标高，尤其是房间与门口、走道和不同颜

色、不同材料之间交接处的标高能交圈对口。

③ 交叉施工相互影响。在整个活动地板铺设过程中，要抓好以下两个关键环节和工序：一是当第二道操作工艺完成（即把基层弹好方格网）后，应及时插入铺设活动地板下的电缆、管线工作。这样既避免不必要的返工，同时又保证支架不被碰撞造成松动。二是当第三道操作工艺完成后，第四道操作工艺开始铺设地板面层之前，一定要检查面层下铺设的电线、管线确保无误后，再铺设地板面层，以避免不必要的返工。

④ 缝隙不均匀。要注意面层缝格排列整齐，特别要注意不同颜色的电线、管线沟槽处面层的平直对称排列和缝隙均匀一致。

实木地板铺设质量验收表

序号	检验标准	是否符合
1	实木地板面层所采用的材质和铺设时的木材含水率必须符合要求	是　否
2	木地板面层所采用的条材和块材，其技术等级及质量要求应符合要求	是　否
3	木格栅、垫木和毛地板等必须作防腐、防蛀处理	是　否
4	木格栅安装应牢固、平直	是　否
5	面层铺设应牢固、黏结无空鼓	是　否
6	实木地板的面层是非刨免漆产品，应刨平、磨光，无明显刨痕和毛刺等现象。实木地板的面层图案应清晰、颜色均匀一致	是　否
7	面层缝隙应严密、接缝位置应错开、表面要洁净	是　否
8	拼花地板的接缝应对齐、粘钉严密。缝隙宽度应均匀一致。表面洁净、无溢胶	是　否

复合地板铺设质量验收表

序号	检验标准	是否符合
1	强化复合地板面层所采用的材料，其技术等级及质量要求应符合要求	是　否
2	面层铺设应牢固、黏结无空鼓	是　否
3	强化复合地板面层的颜色和图案应符合设计要求。图案应清晰、颜色应均匀一致、板面无翘曲	是　否
4	面层接头应错开、缝隙要严密、表面要洁净	是　否
5	踢脚线表面应光滑、接缝严密、高度一致	是　否

2. 地毯铺设常见质量问题

① 地毯表面不平、打褶、鼓包等。主要问题发生在铺设地毯这道工序时，未认真按照操作工艺缝合、拉伸与固定、用胶粘剂粘接固定要求去做所致。

② 拼缝不平、不实。尤其是地毯与其他地面的收口或交接处，如门口、过道与门厅、拼花或变换材料等部位往往容易出现拼缝不平、不实。因此在施工时要特别注意上述部位的基层本身接槎是否平整，严重的应返工处理。如问题不太大可采取加衬垫的方法用胶粘剂把衬垫粘牢，同时要认真把面层和垫层拼缝处的缝合工作做好，一定要严密、紧凑、结实，并满刷胶黏剂粘接牢固。

③ 胶黏剂涂刷不注意。涂刷胶黏剂时由于不注意往往容易污染踢脚板、门框扇及地弹簧等，应认真精心操作，并采取轻便可移动的保护挡板或随污染随时清理等措施保护成品。

④ 设计防水坎。暖气炉片、空调回水和立管根部以及卫生间与走道间应设有防水坎，防止渗漏将已铺设好的地毯成品泡湿损坏。

🔍 卫浴洁具安装质量验收

卫浴洁具安装应注意的质量问题

① 蹲便器不平，左右倾斜。原因：安装时正面和两侧垫砖不牢，焦渣填充后没有检查，抹灰后不好修理，造成水箱与便器没对正。

② 高、低水箱拉、扳把不灵活。原因：高、低水箱内部配件安装时，三个主要部件在水箱内位置不合理。高水箱进水、拉把应放在水箱同侧，以免使用时互相干扰。

③ 零件镀铬表面被破坏。原因：安装时使用管钳。应采用平面扳手或自制扳手。坐便器与背水箱中心没对正，弯管歪扭。原因：画线不对中，便器稳装不正或先稳背箱，后稳便器。

④ 器具内的污物处理。通水之前，将器具内污物清理干净，不得借通水之便将污物冲入下水管内，以免管道堵塞。

洗手盆安装质量快速验收表

序号	检验标准	是否符合
1	洗手盆安装施工要领：洗手盆产品应平整无损裂。排水栓应有不小于8mm直径的溢流孔	是　否
2	排水栓与洗手盆连接时，排水栓溢流孔应尽量对准洗手盆溢流孔，以保证溢流部位畅通，镶接后排水栓上端面应低于洗手盆底	是　否

续表

序号	检验标准	是否符合
3	托架固定螺栓可采用不小于 6 毫米的镀锌开脚螺栓或镀锌金属膨胀螺栓（如墙体是多孔砖，则严禁使用膨胀螺栓）	是 否
4	洗手盆与排水管连接后应牢固密实，且便于拆卸，连接处不得敞口	是 否
5	洗手盆与墙面接触部应用硅膏嵌缝。如洗手盆排水存水弯和水龙头是镀铬产品，在安装时不得损坏镀层	是 否

浴缸安装质量快速验收表

序号	检验标准	是否符合
1	在安装裙板浴缸时，其裙板底部应紧贴地面，楼板在排水处应预留250~300 毫米洞孔，便于排水安装，在浴缸排水端部墙体设置检修孔	是 否
2	其他各类浴缸可根据有关标准或用户需求确定浴缸上平面高度	是 否
3	如浴缸侧边砌裙墙，应在浴缸排水处设置检修孔或在排水端部墙上开设检修孔。各种浴缸冷、热水龙头或混合龙头其高度应高出浴缸上平面150 毫米	是 否
4	安装时应不损坏镀铬层。镀铬罩与墙面应紧贴。固定式淋浴器、软管淋浴器其高度可按有关标准或按用户需求安装	是 否

坐便器安装质量快速验收表

序号	检验标准	是否符合
1	给水管安装角阀高度一般距地面至角阀中心为 250 毫米，如安装连体坐便器应根据坐便器进水口离地高度而定，但不小于 100 毫米。给水管角阀中心一般在污水管中心左侧 150 毫米或根据坐便器实际尺寸定位	是 否
2	带水箱及连体坐便器其水箱后背部离墙应不大于 20 毫米。坐便器的安装应用不小于 6 毫米的镀锌膨胀螺栓固定，坐便器与螺母间应用软性垫片固定，污水管应露出地面 10 毫米	是 否
3	冲水箱内溢水管高度应低于扳手孔 30 ~ 40 毫米	是 否

第三章

锦上添花：
装修后期家具配饰要完备

家庭的基础装修工程完成后，大件家具及软装配饰便开始陆续地进场。然而，了解足够的家具采购知识与空间内的布置规划、家居配饰如何合理地在空间内应用，是业主必修的一堂课。要想家居空间展现出舒适的、温馨的感觉，那么软装配饰的运用是比基础装修部分，可以起到更加良好的效果。如大量的布艺织物、精美的工艺品及装饰挂画，均可以在保有家居风格的基础上，更添内部空间的精致情调。在家具的选择上，符合空间比例的家具比样式繁复精美的家具，更会增添空间风采。因此，对于家装后期家具配饰的知识掌握，用以打造出完美的家居空间，是业主需要了解的内容。

家具采购及布置规划

家具采购时常常会因为家具的精美程度影响业主的选择，这是不理智的采购行为。在采购家具时，首先应依据家庭的户型布置，规划好选择家具的样式与价位，采购的原则是家具与空间的合理搭配应凌驾于业主的个人喜好上。在空间的布置规划中，不是将空间摆放得越满越好，而是在摆放家具恰当的情况下，留有充分的活动空间。

沙发采购

1. 纯棉沙发

纯棉用料的布艺沙发柔软透气、自然环保，很贴近皮肤，是目前市场占有率最高的款型。纯棉沙发在田园风格中使用最多。纯棉用料的沙发价格适宜，花色多种多样，选购纯棉沙发时一定要选手感细腻柔软且厚实的。纯棉沙发容易折皱，所以不太适合机洗，最好送到专业的干洗店，这样既能避免缩水，又能防止染色。

2. 绒布沙发

就像小动物的皮毛，绒布沙发给人最深刻的印象在于它超细腻、柔软的触感。从过去的灯芯绒，到现在的麂皮绒，绒布沙发在俗艳和雅致中变换着身份。相比其他布料，绒布沙发售价贵，最好的绒布要 500 元 / 米。绒布沙发具有防尘、防污的优点，适合秋冬季节使用。绒布沙发绒布浓密，不适合机洗，容易掉毛，在清洗沙发套时，不要放太多洗衣粉。

3. 皮与布结合的沙发

最近两年，皮、布结合的沙发走到消费的最前沿。在靠背、扶手等易脏却又不易拆洗的地方是皮的，而其他与人体亲密接触又易拆洗的地方是布的，皮、布采用同一种色系。现在最新款的皮、布结合的沙发的布料采用了纳米材料制作而成，更方便于清洗。其档次高，价格也相对高些，但是消费者还是乐意购买这类沙发。皮、布结合的沙发容易打理，有小孩的家庭，特别适合购买。

4. 混纺沙发

棉料与化纤材料混纺，可以呈现出或丝质、或绒布、或麻料的视觉效果，但花型和色彩都不够自然纯正，价格也比较便宜。近年，随着差别化纤及混纤、混纺的崛起，再加上染整理工艺的日益完善，混纺面料的柔软手感和高仿真效果几乎可以假乱真。混纺沙发因其绚丽的色泽、便宜的价格等优点成为人们越来越喜欢购买的沙发种类。

■■■■■ **各类沙发与空间的关系** ■■■■■

L 形沙发	组合式沙发	小巧的双人沙发
L 形沙发是家庭中最常见的客厅沙发选择。这样的客厅空间通常有狭长、不方正的特点，而 L 形沙发恰好满足了业主对客厅空间的最大利用化装修理念。因 L 形沙发受造型的限制，更适合摆放在现代、简约风格的空间，因此在选择沙发时，应注意沙发的风格与客厅风格的协调统一。	常见的组合式沙发有：1+1+2 组合，1+2+2 组合。因沙发组合的多样式，与较大的占地面积，固组合式沙发更适合方正、面积较大的客厅。在选购组合式沙发时，沙发风格符合客厅风格的前提下，更重要的是选择好单人座配角沙发，这是客厅的亮点所在。通过组合式沙发的客厅陈列，可以令空间充满丰富的视觉效果。	因双人座沙发节省的占地面积，固非常受小户型的青睐，也是现在市场上流行的沙发样式。不过在选购双人沙发时，注意沙发的质量是关键的。往往双人沙发价钱便宜，做工却不符合标准，导致使用寿命很短。在市场选购沙发时，应通过自己亲身体验判断沙发质量的好坏。

 装修建议

购买真皮沙发的注意事项

1. 用牛皮制作的真皮沙发因其皮质柔软、厚实，质量最好。现在的真皮沙发一般采用水牛皮制作，皮质较粗厚，价格实惠。更好的还有黄牛皮、青牛皮。

2. 其次看木架，可以用手托起沙发感觉一下重量。如果是用包装板、夹板钉成的沙发则分量轻，实木架则比较重；也可以坐在沙发上左右摇晃，感觉其牢固程度以及是否水平。

3. 看填充物，主要指海绵。海绵按弹性分高弹、高弹超软和中弹 3 种。中弹海绵一般做靠背和扶手部分，高弹和高弹超软海绵做座位部分。现在还有一些商家加入定型海绵或者定型胶质材料，以稳定其造型。除了向售货员咨询其填充物的种类外，还需坐下来亲身感受一下舒适度。

双人床采购

1. 实木床

在选购实木床时，最关键的是辨别实木床的真伪。首先，观察家具面板表面，是否有清晰的木纹，如果有，再看该位置木板的背面，是否有同样的花纹，如果有就大致可以认定为纯实木的了；另一个简单的方法是看节疤，在出现疤痕的地方，如果木板正反两面都有同样的疤痕，同样能确认是纯实木家具。其次，检查木板、抽屉的木质是否干燥、洁白，质地是否紧密、细腻；是否有刺激性气味；木板表面加工工艺是否精细、面板是否平滑，是否存在毛刺，颜料涂刷是否存在裂痕或气泡。

小提示

通过观察实木床的纹理是否一致，可以辨别实木床的真假。

2. 人造板床

人造板床是由业主自购板材，装修工人设计安装而成。这种做法最大的优点是价钱便宜，同时可以根据卧室空间的不同大小，将床具设计得更贴合空间。例如较小的卧室，摆放双人床会占用过多的活动空间，单人床又浪费空间，这时人造板床就是其中最好的选择。

小提示

造价低廉，可以根据空间的结构进行设计，是人造板床的优点。

3. 铁艺床

优质铁艺床相对板材的床来说，最大的优点就是能减少室内环境的污染。铁艺床的结构分为床头和床体，其中床头有中式的、欧式的不同风格。花型的随意性让人有一种自由舒畅的感觉，流畅的线条、完美的色彩搭配使之成为室内的装饰。但是，铁艺床也有着一定的缺点。如果床的材质不过关，铁艺床可能会有一定的声响，也可能会有掉漆的现象。

小提示

购买铁艺床时，注意铁艺床的质量是关键。

4. 藤艺床

选购藤制床最好从材质出发，藤材的选择以粗长、匀称而无杂色的藤为优质藤。劣质藤较细，韧性小，抗拉力低易断。检测藤艺床质量时，用力搓搓藤杆的表面，特别应注意节位部分是否有粗糙或凹凸不平的感觉。另外应注意藤艺床的吸湿吸热性能，选购自然透气、防虫蛀的藤质更加有利于睡眠和保养。

小提示

摆放藤艺床的卧室，更容易搭配田园风格。

餐桌采购

1. 实木餐桌

实木餐桌相对于板式餐桌而言更加健康环保，符合当下人们追求绿色家居的概念。实木餐桌的缺点是在有些地区可能会出现开裂现象，这也是所有木质家具面临的一大难题，由木材本身的特性所决定的，但是在制作过程中，只要对木材进行严格的干燥处理，这种现象一般很少会出现。

小提示

实木餐桌一般比较重，敲击有沉闷的声感。

2. 玻璃餐桌

玻璃餐桌相比传统木制餐桌，样式更大胆前卫，功能更趋于实用。其相比木材餐桌而言，玻璃餐桌不会受室内空气的影响，不会因湿度不宜而变形；造型上玻璃餐桌的简洁时尚和随心所欲更是其相比其他产品的优势所在。而玻璃餐桌的不足之处也显而易见，虽然大多采用钢化玻璃，坚硬耐温，但是一些玻璃餐桌在高温下仍旧会出现桌面爆裂的现象，尤其是有幼儿的家庭尽量不要选择玻璃餐桌。

小提示

采购玻璃餐桌时，检查钢化玻璃的质量是关键。

3. 大理石餐桌

大理石餐桌通常以搭配皮革座椅的形式出现。大理石的冷酷，有皮革细腻的质感来温暖；皮革在棱角塑造上的缺憾，由大理石的笔挺来弥补。大理石的平滑和皮革所特有的光泽无时不透露着高贵的气质。木质的桌身和金属椅腿使整套餐桌椅不至显得过于厚重。但大理石餐桌也有其缺点，使用材质不好的大理石易产生辐射。冬天大理石餐桌台面易冰冷，有老人和小孩的家庭最好铺上餐桌布上菜用餐。

4. 藤艺餐桌

计划采购自然气息浓厚的餐桌，不饰雕琢的藤制桌椅是个不错的选择。同时藤制的餐桌椅也可以融入其他的元素，比如钢化玻璃，其耐磨、耐热、耐冲击，易清洁保养，晶莹剔透，如果在藤制的餐桌上安放一块钢化玻璃桌面，既增添了多变幻的元素，提升了亮度，又延长了使用寿命，清洁起来更方便。

小提示

纯粹的藤制餐桌表面容易藏污纳垢，不易清洗。

家具布置的设计原则

1. 家具布置中比例与尺寸原则

在美学中，最经典的比例是"黄金分割"；尺度是不需要具体尺寸，凭人的感觉得到的对物的印象。比例是理性的、具体的；尺度则是感性的、抽象的。如果没有特别的偏好，不妨就用 1：0.618 的完美比例来划分空间进行家具布置，这会是一个非常讨巧的办法。

2. 家具布置中稳定与轻巧原则

四平八稳的家具布置给人内敛、理性的感觉，轻巧灵活的布置则让人感觉流畅、感性。把稳定用在整体，轻巧用在局部，就能造就完美的家居空间。

3. 家具布置中对比与协调原则

在家居空间中，对比无处不在，无论是风格上的现代与传统、色彩上的冷与暖、材质上的柔软与粗糙，还是光线的明与暗。没有人会否认，对比能增添空间的趣味。但是过于强烈的对比会让人一直神经紧绷，协调无疑是缓冲对比的一种有效手段。在家具布置上也应该遵循这一原则。

4. 家具布置中节奏与韵律原则

在音乐里，节奏与韵律一直是密不可分的，在家具布置上同样存在着节奏与韵律。节奏与韵律是通过家具的大小、造型上的直线与曲线、材质的疏密变化等来实现的。

5. 家具布置中对称与均衡原则

在家具布置上，对称与均衡无处不在。对称是指以某一点为轴心，求得上下、左右的均衡。现在居室的家具布置中往往在基本对称的基础上进行变化，造成局部不对称或对比，这也是一种审美原则。另有一种方法是打破对称，或缩小对称在室内装饰的应用范围，使之产生一种有变化的对称美。

6. 家具布置中过度与呼应原则

家具的形色不会总都是一样的，所以一定要注意个体家具之间、家具与整体环境之间的过渡与呼应。如果家具的造型都为简洁型，为避免单调，可以在布艺和饰品上下工夫，选择具有特色的物件，为居室带来视觉上的和谐过渡。

7. 家具布置中主要与次要原则

主次关系是家具布置需要考虑的一个基本因素。要确定主次关系并不难，一般与家具在空间中的地位有关。在大空间和谐的基础上，不妨再试试通过一两件有格调的、独特的家具来构建自己的风格。

8. 家具布置中单纯与风格原则

购买家具最好配套，以达到家具的大小、颜色、风格和谐统一。家具与其他设备及装饰物也应风格统一、有机地结合在一起。如平面直角电视应配备款式现代的组合柜，并以此为中心配备精巧的沙发、茶几等；如窗帘、灯罩、床罩、台布等装饰的用料、式样、颜色、图案也应与家具及设备相呼应。如果组合不好，即使是高档家具也会显不出特色，失去应有的光彩。

 装修技巧

家具布置要点

一、家具的布置应该大小相衬，高低相接，错落有致。

二、家具的摆放必须做到充分利用空间，摆放一定要合理，最好先制作一张家具摆放效果图，达到满意效果以后再进行布置。

三、家具的数量要和谐，如布置过多的家具，会使人产生压迫感；而布置少量的家具，会给人带来空荡无依感。

 装修建议

家具布置不宜采用同一比例

家具采用同一比例的布置方式虽然会让空间显得协调，但也会略显刻板。在局部，尺度一定要有所变化，这样才能营造空间的层次感。

要拿捏好家具布置的关系

一定要拿捏好稳定与轻巧的关系，从家具的造型、色彩上都注意轻重结合，这样才能对整体空间有个合理的布局。

家具布置的设计方法

1. 具有流动美的家具布置方法

家具布置的流动美是通过家具的排列组合、线条连接来体现的。直线线条流动较慢，给人以庄严感。性格沉静的人，可以将家具的排列尽量整齐一致，形成直线的变化，营造典雅、沉稳的气质。曲线线条流动较快，给人以活跃感。性格活泼的人，可以将家具搭配得变化多一些，形成明显的起伏变化，营造活泼、热烈的氛围。

2. 布局合理的家具布置方法

居室中家具的空间布局必须合理。摆放家具要考虑室内走动路线，使人的出入活动快捷方便，不能曲折迂回，更不能造成家具使用的不方便。摆放时还要考虑采光、通风等因素，不要影响光线照入和空气流通。

3. 摆放均衡的家具布置方法

家具布置中平面布置和立面布置要有机地结合，家具应均衡地布置于室内，不要一边或一角放置过多的家具，而另一角或一边比较空荡。也不要将高大的家具集中并排列在一起，以免和高度较低的家具形成强烈的反差。要尽可能做到家具的高低相接、大小相配。还要在平淡的角落和地方配置装饰用的花卉、盆景、字画和装饰物，这样既可弥补家具布置上的缺陷和平淡，又可增加居室温馨感和审美情趣。

装修技巧

家具设计要点

一、在离窗户较远的安静区，光线比较弱，噪声也比较小，以床铺、衣柜等家具布置为适宜。

二、在靠近窗户的明亮区，光线明亮，适合于看书写字，以放置写字台、书架为好。

三、在进入居室的行动区，除留一定的行走活动地盘外，可在这一区放置沙发、桌椅等家具，家具按区摆置，房间就能得到合理利用，并给人以舒适清爽感。

装修建议

家具的大小和数量应与居室空间协调

一、住房面积较大

可以选择较大的家具，数量也可适当增加一些。家具太少，容易造成室内的空荡荡的感觉，且增加人的寂寞感。

二、住房面积较小

应选择一些精致、轻巧的家具。家具太多太大，会使人产生窒息感与压迫感。注意数量应根据居室面积而定，切忌盲目追求家具的件数与套数。

家具布置与空间关系设计

1. 客厅家具布置应避免交通斜穿

客厅通常以聚谈、会客为主体，辅助其他区域而形成主次分明的空间布局，往往是由一组沙发、座椅、茶几、电视柜围合而成，又可以采用装饰地毯、吊顶造型以及灯具呼应达到强化中心感。另外，客厅的家具布置要避免交通斜穿，可以利用家具布置来巧妙围合、分割空间，以保持区域空间的完整性。

2. 以餐桌椅为核心区域

餐桌椅作为餐厅中的主要家具，不同造型也可以为家居环境带来不一样的视觉效果。例如，圆形的餐桌，不仅象征一家老少团圆，亲密无间，而且聚拢人气，能够很好地烘托进食的气氛。而可以容纳多人的长型餐桌，不仅方便宴客使用，而且平时还可以作为工作台，可谓一举两得。另外，造型独特的餐椅也可以为餐厅增添别样情趣。

3. 卧室中摆放均衡的家具布置方法

卧室中最主要的功能区域是睡眠区，睡床的摆放要讲求合理性和科学性。一般床的摆放为：单人床式卧室、双人床式卧室和对床卧室三种形态。床的摆放位置一般是卧室布局的关键，要放在光线较弱处。房间较小的，可以使两面靠墙，以减少占用面积；房间较大的，可以安置一面靠墙。大立柜应避免靠近窗户，以免产生大面积的阴影。门的正面应放置较低矮的家具，否则会产生压抑感。

4. 书房家具摆放应整洁有序、方便实用

书房家具的摆放，切忌乱而杂，以整洁有序、方便实用为主。书桌与书架应距离较近，否则会造成拿放书籍不方便的情况，一般相邻或相靠摆放。另外，书桌的自然采光很重要，一般靠窗摆放，但最好不要正对窗户，这样会导致光线太强，应摆放在窗户左右侧。有的书房除座椅外，还会放置沙发，一般靠墙摆放，并尽量不要紧挨书桌。

5. 操作台、洗涤台、烹调台的位置要合理

对大多数家庭来说，窄小的面积是厨房最不能令人满意的地方。在有限的空间中，合理的家具尺度选择和合理的功能布局就显得非常重要。厨房的家具主要有三大类：操作台、洗涤台以及烹调台，这三个部分的合理布置是厨房家具布置成功与否的关键。应按照烹饪操作

顺序来布置，以方便操作，避免人的过多走动。

6. 卫浴家具布置应体现合理分区

浴室家具通过搁物板、储物柜、地柜等多个元素，将卫浴空间进行合理的划分，使洗漱、化妆、更衣等功能区别明确，还增强了卫浴间的储纳能力。浴室家具有落地式和悬挂式两种，落地式尤其适用于空间较大且干湿分离的卫浴间，而悬挂式最大的特色就是节省空间。

7. 玄关家具摆放以不影响业主的出入为原则

条案、低柜、边桌、明式椅、博古架，玄关处不同的家具摆放，可以承担不同的功能，或收纳，或展示。但鉴于玄关空间的有限性，在玄关处摆放的家具应以不影响业主的出入为原则。如果居室面积偏小，可以利用低柜、鞋柜等家具扩大储物空间，而且像手提包、钥匙、纸巾包、帽子、便笺等物品即可放在柜子上。另外，还可通过改装家具来达到一举两得的效果，如把落地式家具改成悬挂的陈列架，或把低柜做成敞开式挂衣柜，增加实用性的同时又节省了空间。

 装修解疑

如何用玄关家具打造过渡区域？

如果入门处的走道狭窄，就要尽量将家具靠墙或挂墙摆放，嵌入式的更衣柜是最佳选择，脚凳和镜子可以包含储物等多重功能。此处的玄关家具应少而精，避免拥挤和凌乱。走道是走动频繁的地带，为了不影响进出两边居室，玄关家具最好不要太大，圆润的曲线造型既会给空间带来流畅感，也不会因为尖角和硬边框给业主的出入带来不便。

 装修技巧

家具搭配要点

一、空间家具布置应该根据业主的活动情况和空间的特点来进行布置，可按不同的家居风格选用对称形、曲线形或自由组合形等多种形式来进行自由布置。

二、不同的家居环境中，有各自的核心家具，如客厅中的沙发、餐厅中的餐桌椅，卧室中的床等，这些家具布置是家居空间设计的要点。

三、空间中的家具布置要以符合居住者的需求为首要目的，除了一些核心家具之外，可以适当地加入一些辅助家具，但原则是不要喧宾夺主。

🔍 家具布置与空间动线

动线，是室内设计的用语之一，意指人在室内移动的点，连合起来就成为动线。

家居的动线是设计中相当重要的一环，长久居住在这个室内的人，会产生相当复杂的动线，因此在具体设计时，空间大小，包括平面面积和空间高度，空间相互之间的位置关系和高度关系，以及家庭成员的身心状况、活动需求、习惯嗜好等都是动线设计时应考虑的基本因素。

空间中的动线可划分为家务动线、家人动线和访客动线，三条线不能交叉，这是动线设计的基本原则。其中家务动线要尽可能短，才能满足空间追求便捷、舒适的特点。家人动线主要包括入户活动动线、休息睡眠动线等，要充分尊重居住者的生活习惯。访客动线不应与家人动线和家务动线交叉，以免在客人拜访的时候影响家人休息或工作。

客厅与餐厅的动线规划 ●●●●●●

1. 正方形小客厅的动线规划

① 活动式家具：选择可移动的家具，如茶几，可以令空间运动更加灵活。

② 家具区隔空间：可以利用家具如鞋柜区隔客厅、玄关及餐厅空间。

③ 家具靠一边摆放：方正的客餐厅里，家具最好只靠在其中一边的墙壁，以节省空间。

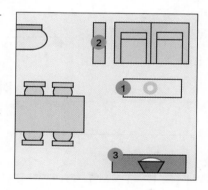

2. 横长形小客厅的动线规划

① 先进餐厅再进客厅：横长形的客餐厅，最好先进餐厅，再进客厅，才能令动线更加顺畅。

② 双人沙发：因为空间有限，可以选择双人沙发，搭配可移动的茶几。

③ 沿墙延伸收纳功能：收纳空间的规划如餐边柜及电视柜可以沿墙规划。

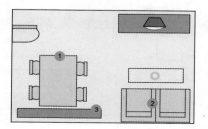

3. 横长形大客厅的动线规划

① 独立出入动线：客厅、餐厅面积够大，可在沙发的背面摆放低柜，令动线更加独立。

② 低柜朝向餐桌：低柜的开口可以朝向餐桌方向，动线上方便餐厅的人使用。

③ 轴线位移延长面宽：一般沙发距电视的距离至少要 3 米以上，若距离不够可将电视柜移位延伸空间。

① L 形沙发的搭配：沙发摆放不一定按照传统的"321"配置，可以用 L 形沙发搭配单椅。

② 开放设计延伸空间感：客厅与餐厅连接不做任何间隔，通过开放的设计延伸空间感。

③ 餐桌与餐边柜的距离：餐边柜在桌子和柜子间应预留 80 厘米以上的距离，在不影响餐厅功能的同时，令动线更流畅。

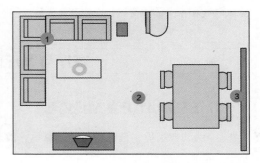

卧室的动线规划 ●●●●●

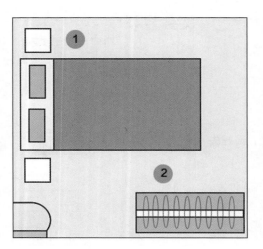

1. 正方形小卧室的动线规划

① 两边过道要 50 厘米：小卧室的床可以放在居室的中间，两边预留 50 厘米左右的空间才合适。

② 预留过道不要阻塞：小卧室中选择双人床，要预留三边的走动空间，这种摆设比较容易。

① 增添视听设备：正方形的小卧室，因空间方正，可以增加电视等视听设备，但要预留出足够的走动空间。

① 视听设备结合衣柜：可以将视听柜和大衣柜结合设计，也可以摆放书桌等家具，只要做到右图中的摆放，则不会影响家居动线。

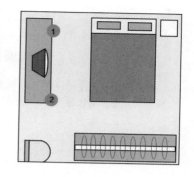

2. 横长形小卧室的动线规划

1. 床靠墙摆多出空间：在小卧室中，可以将双人床靠墙摆放，空余出放化妆台或书桌的空间。

② 选择收纳功能的床：床底最好带有收纳功能，可用来存放棉被等物品，避免因太多杂物干扰动线。

③ 沿墙摆放衣柜：多利用门后与墙壁的空间摆放衣柜。

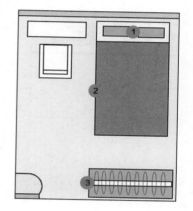

3. 横长形大卧室的动线规划

① 卧室区隔衣帽间：更衣室的收纳功能比衣柜强大，若卧室的空间足够，可将衣帽间规划在卧室角落或卧室与卫浴的奇零空间。

② 门在角落的房间床居中摆放：床居中摆放，两边是衣柜及书桌，是十分好用的基本摆设，书柜找到合适空间靠墙摆放即可。

③ 大空间可以规划阅读区域：大卧室中可以规划小书房，书桌与床之间用书架隔开。区隔用的家具高度为150厘米左右。

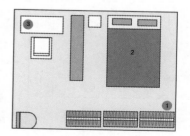

装修建议

要合理规划卧室床的位置

在卧室中，床占了很大的比重，想要拥有充裕的开放空间，要优先考虑床的宽度。床靠墙摆放，要和墙保持 10 厘米左右的距离，这样被子摊开后，手也不会撞到墙壁。

厨房的动线规划 ●●●●●

1. 一字形厨房的动线规划

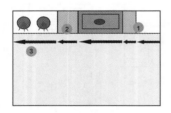

① 动线一字形排开：厨具主要沿墙面一字排开，动线规划重点为冰箱（→工作台）→洗涤区→处理区→烹饪区（→备餐区），最佳的空间长度为 2 米。

② 料理台面的设计：料理台面一般介于水槽区和灶具区之间，因此宽度至少要有 40 厘米，若能预留 80~100 厘米则更佳。

③ 灶具位置很重要：燃气灶具的设置应靠近窗户或后阳台，以利于通风，燃气灶具最好不要紧靠墙面。

2. L 形厨房的动线规划

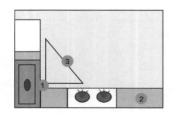

① 洗涤区与灶具区安排在不同轴线上：L 形厨房规划上应将设备沿着 L 形的两条轴线依序摆放；会产生高温、油烟的烤箱、灶具应置于同一区，冰箱和水槽则置于另一轴线上。

② L 形厨房的动线安排：各式的独立密闭空间或开放空间，都可以运用 L 形厨房，但摆设厨具的每一墙面都至少要预留 1.5 米以上的长度。

③ 适当距离形成工作金三角：灶具、烤箱或微波炉等设备建议摆放在同一轴线上，距离为 60~90 厘米，就能形成一个完美的工作金三角，最长可在 2.8 米左右，才不会降低工作效率。

3. 走廊形厨房的动线规划

① 料理区与收纳区分开：走廊形厨房的规划理念大半会将其中一排规划成料理区，另一排规划为冰箱、高柜及放置小家电的平台。

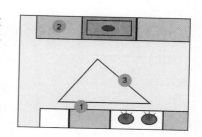

② 工作平台也是备餐区：可以把另一边的厨具作为备餐区。炒好菜，转个身就可以把菜放到后边的工作平台上。

③ 走廊形厨房的动线安排：为了保持走道顺畅，令两个人同时在厨房内活动时不会显得太过局促，两边的间隔最好能保持在 90 ~ 120 厘米的距离。

4. 中岛形厨房的动线规划

① L 形厨房加装便餐台：一般常见岛形厨房的设计，是在 L 形厨房当中，加装一个便餐台或料理台面，可以同时容纳多人一起使用。

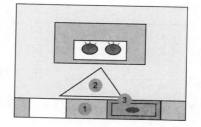

② 台面距离关系动线流畅：中岛形厨具与其他台面的距离需保留在 105 厘米左右，才能保证动线的流畅与取用的方便。

③ 洗涤区要靠近冰箱：洗涤区设置应尽可能以最靠近冰箱的位置为宜，减少往返走动的时间与不便。

 装修建议

符合人体工学的厨具位置很重要

厨房主要的工作大致是水槽在黄金三角动线内往返交错应控制在 2 米左右，才是最合理并省力的空间设计。理想的厨具是不会让人腰酸背痛，因此业主在选定厨具后，应请设计师根据主妇的身高需求做厨具的调整，一般正常的工作台高度距地面为 85 厘米，而吊柜上缘的高度一般不超过 230 厘米。所以，符合人体工学是考虑厨具位置绝不可少的重要条件。

卫浴间的动线规划

•••••

1. 卫浴间的动线规划

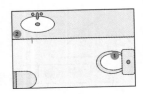

① 坐便器的位置摆放：坐便器通常不对门，也不放在浴缸旁，尽量是规划在门后或是墙的贴壁角落，而坐便器旁边的空间最少要有 70 厘米以上。

② 主线以洗漱区为主：卫浴空间的动线要考虑以圆形为主，将主要动线留在洗漱区前，活动的空间顺畅即可。

2. 竖长形卫浴间的动线规划

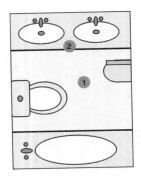

① 长形空间较好规划：长方形卫浴空间比正方形空间要好规划，双洗手台面可以将坐便器、浴缸、洗漱台等做区隔，并可延伸成双洗手台设计。

② 事先规划好尺寸：一般浴缸长为 150 ~ 180 厘米，宽约 80 厘米，高度为 50 ~ 60 厘米；而洗手台的宽度至少要 100 厘米，规划时要注意尺寸丈量的问题。

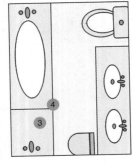

③ 独立沐浴区：若卫浴间的面积够大，除了坐便器、洗手台、浴缸外，再规划一个独立沐浴区，令空间做到干湿分离。

④ 沐浴区与浴缸相连：相对于正方形浴室，长方形浴室更适合四件式浴室规划，建议将坐便器及洗手台规划为同一列，浴缸及沐浴区则为另一列，不但节省空间，动线使用也更为流畅。

🔧 **装修建议**

卫浴间依面积规划设备

卫浴空间的重点物件不外乎是洗手台、坐便器、浴缸或是淋浴设备。基本的浴室则为全套及半套两种，需考虑实际面积来选择。例如，面积不到 5 平方米的小浴室，就不要勉强摆入浴缸，用淋浴设备取代即可；或是将洗手台、梳妆镜移到浴室外，做成干湿分离。

家居配饰的合理运用

合理的家居配饰，可以令家庭空间焕然一新，使新装修的房子充满温馨感。因此，了解家居配饰的关键显得尤为重要。家居配饰包括布艺织物、工艺品、装饰画、绿植等等，然后依据家居配饰的设计原则与方法，进行符合空间设计的合理搭配，便可展现出效果舒适的家居空间。

工艺品搭配

1. 工艺品在居室装饰中的陈列与摆放方式

工艺品想要达到良好的装饰效果，其陈列以及摆放方式都是尤为重要的，要与整个室内装修的风格相协调，能够鲜明体现设计主题。不同类别的工艺品在摆放陈列时，要特别注意将其摆放在适宜的位置，而且不宜过多、过滥，只有摆放得当、恰到好处，才能拥有良好的装饰效果。

2. 工艺品在居室中的摆放位置

一些较大型的反映设计主题的工艺品，应放在较为突出的视觉中心的位置，以起到鲜明的装饰效果，使居室装饰锦上添花。在一些不引人注意的地方，也可放些工艺品，从而使居室看起来更加丰满。例如，书架上除了书之外，也陈列一些小的装饰品，如小雕塑等饰物，看起来既严肃又活泼。在书桌、案头也可摆放一些小艺术品，增加生活气息。但切忌过多，到处摆放的效果将适得其反。

装修技巧

工艺品搭配要点

一、要注意尺度和比例。随意填充和堆砌，会产生没有条理、没有秩序的感觉；布置有序的艺术品会有一种节奏感，因此要注意大小、高低、疏密、色彩的搭配。

二、要注意艺术效果。在家具上，可有意摆放不同材质的工艺品，以打破单调感；如果家具过于平直，可放置造型感强的工艺品，以丰富整体形象。

三、注意质地对比。较硬的材质上，如大理石，可以放置带有柔软感的饰物，如布绒饰物；具有温馨感的木质材质上，可摆放铁艺工艺品等；材质对比更能突出工艺品的地位。

四、注意工艺品与整个环境的色彩关系。小工艺品最好选择色彩艳丽些的，大工艺品要注意与环境色调的协调。具体摆设时，色彩鲜艳的工艺品宜放在深色家具上。

▪▪▪▪ 铁艺饰品的材料分配 ▪▪▪▪

扁铁、铸铁

扁铁与铸铁一般都用于较大构件制作，形式比较粗犷，价格也相对比较低廉一些。

锻铁

常用的大部分铁艺饰品现在都采用锻铁制作，这种制品材质比较纯正，含碳量较低，其制品也较细腻。

▪▪▪▪ 陶艺饰品的种类 ▪▪▪▪

组合陶艺

组合陶艺适合比较宽敞的居室。选择一些造型各异、大小不同的陶艺品组合摆放，装饰面积较大的客厅、餐厅、卧室或书房，能让空间呈现出高雅的氛围。但要注意的是陶艺品之间的色彩、形状一定要搭配得当。

悬挂式陶艺

悬挂式陶艺是把不同的图案烧制成壁画、瓷盘挂在墙上的陶艺饰品，有的会镶个木框，有的就是原本的瓷盘。墙上可以设置专门的彩色灯光照在瓷盘上，突出图案的艺术特色。有的家庭将主人相片描绘在瓷盘上，也别具特色。

雕塑型陶艺

雕塑型陶艺是用接近于本色的陶泥，雕塑出栩栩如生的人物、动物或其他事物的造型，置于房间的一角和案头，给房间带来艺术气息。陶泥雕塑可分为微雕、浮雕、影雕，这些雕塑品基本上都是手工制作的，很有收藏价值，装饰性也很强。巧夺天工的雕塑使家居装饰多姿多彩。

装饰画搭配

根据家居空间确定装饰画的尺寸

装饰画的尺寸宜根据房间特征和主体家具的尺寸选择。例如，客厅的画高度以 50 ～ 80 厘米为佳，长度不宜小于主体家具的 2/3；比较小的空间，可以选择高度 25 厘米左右的装饰画；如果空间高度在 3 米以上，最好选择尺寸较大的画，以突显效果。另外，画幅的大小和房间面积有一定的比例关系，这个关系决定了这幅画在视觉上的舒适感。一般情况下稍大的房间，单幅画的尺寸以 60 厘米 ×80 厘米左右为宜。通常以站立时人的视点平行线略低一些作为画框底部的基准，沙发后面的画则要挂得更低一些。可以反复比试最后决定最佳注视距离，原则是不能让人视觉上产生疲劳感。

■■■■ **装饰画的悬挂方式分类** ■■■■

对称式

这种布置方式最为保守、不容易出错，是最简单的墙面装饰手法。将两幅装饰画左右或上下对称悬挂，便可以达到装饰效果。而这种由两幅装饰画组成的装饰更适合面积较小的区域。需要注意的是，这种对称挂法适用于同一系列内容的图画。

重复式

面积相对较大的墙面则可以采用重复挂法。将三幅造型、尺寸相同的装饰画平行悬挂，成为墙面装饰。需要注意的是，三幅装饰画的图案包括边框应尽量简约，浅色或是无框的款式更为适合。图画太过复杂或边框过于夸张的款式均不适合这种挂法，以免显得累赘。

方框线式

在墙面上悬挂多幅装饰画还可以采用方框线挂法。这种挂法组合出的装饰墙看起来更加整齐。首先需要根据墙面的情况，在脑中勾勒出一个方框形，以此为界，在方框中填入画框，可以放四幅、八幅甚至更多幅装饰画。悬挂时要确保画框都放入了构想中的方框形中，于是尺寸各异的图画便形成一个规则的方形，这样装饰墙看起来既整洁又漂亮。

装修建议

避免照片墙杂乱的方法

相框的颜色不一致是杂乱的主要原因，将所有相框统一粉刷成白色或者其他中性色调，这样尽管形状不同，但整体色调是一致的。然后把照片扫描并黑白打印出来，只留一张彩色照片作为闪亮焦点。把照片陈列在墙面的照片壁架上，靠墙而立，并且随时更换新的照片作品。分层次展示的时候可以在每层选择一个彩色照片作为主角，用其他的黑白照片来陪衬。

布艺饰品搭配

1. 布艺饰品搭配应有层次感

室内纺织品因各自的功能特点，在客观上存在着主次的关系。通常占主导地位的是窗帘、床罩、沙发布，第二层是地毯、墙布，第三层是桌布、靠垫、壁挂等。第一层次的纺织品类是最重要的，它们决定了室内纺织品配套总的装饰格调；第二和第三层次的纺织品从属于第一层，在室内环境中起呼应、点缀和衬托的作用。正确处理好它们之间的关系，是使室内软装饰主次分明、宾主呼应的重要手段。

2. 窗帘的居室搭配应注重实用性与装饰性

窗帘可以保护隐私，调节光线和室内保温；厚重、绒类布料的窗帘还可以吸收噪声，在一定程度上起到遮尘防噪的效果。窗帘更是家居装饰不可或缺的要素，或温馨，或浪漫，或朴实，或雍容，只要选择一款适合自家的窗帘，既布置好一道属于自己的窗边风景，又能为家增添几分别样风情。

3. 床上用品应兼顾美观性与舒适度

床上用品是卧室中非常重要的软装元素，能够体现居住者的身份、爱好和品位。根据季节更换不同颜色和花纹的床上用品，可以很快地改变居室的整体氛围。床上用品除满足美观的要求外，更注重其舒适度。舒适度主要取决于采用的面料，好的面料应该兼具高撕裂强度、耐磨性、吸湿性和良好的手感，另外，缩水率应该控制在 1% 之内。

4. 地毯既舒适又兼具美观效果

地毯，是以棉、麻、毛、丝、草等天然纤维或化学合成纤维为原料，经手工或机械工艺进行编结、栽绒或纺织而成的地面敷设物，也是世界范围内具有悠久历史传统的工艺美术品之一。

地毯在中国已有两千多年的历史。最初，地毯用来铺地御寒，随着工艺的发展，成为了高级装饰品，它能够隔热、防潮，具有较高的舒适感，同时兼具美观的观赏效果。

 装修建议

窗帘色彩变化的原则

窗帘色彩的选择可根据季节变换，夏天色宜淡，冬天色宜深，以便改变人们心理上的"热"与"冷"的感觉。此外，在同一房间内，最好选用同一色彩和花纹的窗帘，以保持整体美，也可防止产生杂乱之感。

布艺饰品的三个基调	
一	主调:主要由布艺家具决定,如沙发套、床品、床帏帐等。它们在居室空间中占较大面积,是居室的主要组成部分,往往是居室中的视觉焦点,很大程度上决定了居室的风格。此类布艺可采用彩度较高、中明度、较有分量且活跃的颜色
二	基调:通常是由窗帘、地毯构成,使室内形成一个统一整体,陪衬居室家具等陈设。布艺装饰必须遵循协调的原则,饰物的色泽、质地和形状与居室整体风格应相互照应。因此,以高明度、低彩度或中性色为主。但地毯在明度上可低一些,色彩可深些
三	强调:体积较小的布艺装饰物可以起到强调作用,如坐垫、靠垫、挂毯等,以对比色或更突出的同色调来加以表现,起到画龙点睛的作用

■■■■ 布艺饰品化解格局缺陷的办法 ■■■■

层高有限的空间

可以用色彩强烈的竖条纹的椅套、壁挂、地毯来装饰家具、墙面或地面,搭配素色的墙面,能形成鲜明的对比,可使空间显得更为高挑,增加整体空间的舒适程度。

采光不理想的空间

布质组织较为稀松的、布纹具有几何图形的小图案印花布,会给人视野宽敞的感觉。尽量统一墙饰上的图案,能使空间达到贯通感,从而让空间"亮"起来。

狭长空间

在狭长空间的两端使用醒目的图案,能吸引人的视线,让空间给人更为宜人的视觉感受。例如,在狭长的一端使用装饰性强的窗帘或壁挂,或是狭长一端的地板上铺设柔软的地毯等。

狭窄空间

可以选择图案丰富的靠垫,来达到增宽室内视觉效果的作用。

局促空间

可以选用毛质粗糙或是布纹较柔软、蓬松的材料,以及具吸光质地的材料来装饰地板、墙壁,而窗户则大量选用有对比效果的窗帘。

绿植花卉搭配

植物与空间的色彩搭配法则

植物的色调质感也应注意和室内色调搭配。如果环境色调浓重，则植物色调应浅淡些。如南方常见的万年青，叶面绿白相间，在浓重的背景下显得非常柔和。如果环境色调淡雅，植物的选择性相对就广泛一些，叶色深绿、叶形硕大和小巧玲珑、色调柔和的都可兼用。

插花的分类		
		概述
东方插花	中式插花	中国插花在风格上，强调自然的抒情，优美朴实的表现，淡雅明秀的色彩，简洁的造型。在中国花艺设计中把最长的那枝称作"使枝"。以"使枝"的参照，基本的花型可分为：直立型、倾斜型、平出型、平铺型和倒挂型
	日式插花	日本的花艺依照不同的插花理念发展出相当多的插花流派，如松圆流、日新流、小原流、嵯峨流等，这些流派各自拥有一片天地，并有着与西洋花艺完全不同的插花风格
西方插花		西方插花也称欧式插花，分为两大流派：形式插花和非形式插花，形式插花即为传统插花，有格局，强调花卉之排列和线条；非形式插花即为自由插花，崇尚自然，不讲形式，配合现代设计，强调色彩，适合于日常家居摆设

不同朝向房间内适合的花草种类

朝南居室适合的花草

如果居室南窗每天能接受 5 小时以上的光照，那么下列花卉能生长良好、开花繁茂：君子兰、百子莲、金莲花、栀子花、茶花、牵牛、天竺葵、杜鹃花、鹤望兰、茉莉、米兰、月季、郁金香、水仙、风信子、小苍兰、冬珊瑚等。

朝东、朝西居室适合的花草

仙客来、文竹、天门冬、秋海棠、吊兰、花叶芋、金边六雪、蟹爪兰、仙人棒类等。

朝北居室适合的花草

棕竹、常春藤、龟背竹、豆瓣绿、广东万年青、蕨类等。

家居配饰的设计原则

1. 家居配饰要遵循合理性与实用性原则

室内陈设布置的根本目的是为了满足全家人的生活需要。这种生活需要体现在居住和休息，做饭与用餐，存放衣物与摆设，业余学习，读书写字，会客交往及家庭娱乐诸多方面，而首要的是满足居住与休息的功能要求，创造出一个实用、舒适的室内环境。因此，室内配饰布置，应求得合理性与适用性。

2. 家居配饰要遵循布局完整统一、基调协调一致的原则

在室内配饰布置中，根据功能要求，整体布局必须完整统一，这是设计的总目标。这种布局体现出协调一致的基调，融汇了居室的客观条件和个人的主观因素（性格、爱好、志趣、职业、习性等），围绕这一原则，会自然而合理化地对室内装饰、器物陈设、色调搭配、装饰手法等作出选择。尽管室内布置因人而异，千变万化，但每个居室的布局基调必须相一致。

3. 家居配饰要遵循色调协调统一原则

明显反映室内配饰基调的是色调。对室内陈设的一切器物的色彩都要在协调统一的原则下进行选择。色调的统一是主要的，对比变化是次要的。色彩美是在统一中求变化，又在变化中求统一的和谐。

4. 家居配饰要遵循疏密有致原则

家具是家庭的主要器物，它所占的空间与人的活动空间要配置得合理、恰当，使所有配饰的陈设，在平面布局上格局均衡、疏密相间，在立面布置上要有对比，有照应，切忌堆积，不分层次、空间。

 装修技巧

家居配饰设计原则

一、装饰是为了满足人们的精神享受和审美要求，在现有的物质条件下，要有一定的装饰性，达到适当的装饰效果。装饰效果应以朴素、大方、舒适、美观为宜，不必追求辉煌与豪华。

二、室内布置的总体效果与所陈设器物和布置手法密切相关，也与器物的造型、特点、尺寸和色彩有关。

家居配饰的设计方法

1. "轻装修，重装饰"原则

"轻装修、重装饰"将逐步形成潮流，因为装修的手段毕竟有限，无法满足个性家居的设计要求，而风格各异、款式多样的家具和家居装饰品，却可以衍化出无数种家居风格。所以，许多人在装修时只要求高质量的"四白落地"，同时利用装饰手段来塑造家居的性格。

2. 根据四季变换更换配饰

室内配饰要尽可能地体现四季情调。春天的家居配饰可用亮调的浅色系，如窗帘可选用透明度较高的材质，一方面可让阳光照射进来，令室内显得春光明媚；另一方面可透过窗帘观赏风景，使人心情舒畅。夏天最好选用绿色、蓝色等冷色调，令人一进屋就感觉凉爽；窗帘最好是双层，里层厚、外层薄，既能调节光线，又能调节温度，两层都拉上时可降温，到夜晚可拉开厚的一层，换换空气。秋天与冬季，都可选择温暖的色彩，如橙色、橘红系列等。总之，四季配饰应使用不同的色彩，也可春秋合用或者秋冬合用同一套。

3. 根据居住者的性格选择布艺织物

室内配饰体现了居住者的性格特点：若为外向型，活泼开朗者，在配饰色彩的选择上可用欢快的橙色系列，花型上可选用潇洒的印花；质地上若喜欢豪华气派，可选用棉、化纤。若为内向型，可选用细花、鹅黄或浅粉色系列，花型上可选用高雅织花，或是工艺极好的绣花；在质地上，最好选择柔和一点的丝织、棉、化纤等。若是追求个性风格的业主，可选用自然随意的染花，或是富有创意的画花，梦幻型色彩，花型大花、小花皆可，但要注意的是，色彩必须协调统一，花而不乱，动中有静。

 装修技巧

家居配饰设计要点

一、家居设计讲求"轻装修、重装饰"，但选择配饰时，要一切从艺术效果出发，以少胜多，切忌到处充塞反而影响环境。

二、家居配饰不要一成不变，可以根据四季变化小面积地更换配饰，轻松令家居环境焕然一新。

三、不同性格的居住者对于家居配饰的喜好也有所不同，可以根据自身特点来选择配饰，令居住感更加舒适。

家居配饰与设计风格的搭配设计

1. 现代风格的家居配饰宜体现空间格调

在现代风格的居室中，选择若干符合其品位和特性的装饰品来提升空间的格调，无疑是一种省时省力的讨巧方式。比如，可以选择一些石膏作品作为艺术品陈列在客厅中；也可以将充满现代情趣的小件木雕作品根据喜好任意摆放。此外符合其空间风格的壁画是软家装中必不可少的部分，其摆设需要有一定的艺术品位。当然也可根据业主的喜好自由搭配，如今家装中很流行的照片墙，就是一个很好的例证，有种享受生活和生命的格调在里面。当然现代风格居室中的装饰品也可以选择另类的物件，如民族风格浓郁的挂毯和羽毛饰物等。现代风格的居室，因为其开放性的特性，只要是符合业主心意的物品，且能在某种程度上体现出现代风格，几乎均可作为装饰品放置在合理的位置，生动地点缀着居家生活。

2. 简约风格的家居配饰应到位

由于简约风格家居的线条简单、装饰元素少，因此配饰到位是简约风格家居装饰的关键。简约风格家居中的室内家具、陈列品及灯具的选择都要从整体设计出发。家具的选择要符合人的生活习惯及肌体特性，灯光则要注意不同居室的灯光效果要有机地结合起来，陈列品的设置尽量突出个性和美感。配饰选择尽量简约，没有必要为显得"阔绰"而放置一些较大体积的物品，尽量以实用方便为主。

3. 简欧风格的家居配饰应简单、明快、抽象

简单、抽象、明快是简欧风格配饰的明显特点。多采用现代感很强的组合家具，颜色选用白色或流行色，室内色彩不多，一般不超过三种颜色，且色彩以块状为主。窗帘、地毯和床罩的选择比较素雅，纹样多采用二方连续或四方连续且简单抽象，拒绝巴洛克式的繁复。其他的室内饰品要求造型简洁，色彩统一。

4. 欧式古典风格的家居配饰应体现华丽、高雅的特点

欧式古典风格的配饰特点是华丽、高雅，给人一种金碧辉煌的感受。家具中的桌腿、椅背等处常采用轻柔、幽雅并带有古典风格的花式纹路、豪华的花卉古典图案，以及著名的波斯纹样；此外，多重皱褶的罗马窗帘，格调高雅的烛台、油画、挂画及艺术造型水晶灯等装饰物都能完美呈现其风格特点。

5. 中式风格的家居配饰应体现庄重、优雅的双重品质

　　中式风格的家居配饰具有庄重、优雅的双重品质。墙面的配饰有手工织物（如刺绣的窗帘等）、中国山水挂画、书法作品、对联和窗檐等。靠垫用绸、缎、丝、麻等作材料，表面用刺绣或印花图案做装饰；红、黑或宝蓝的色彩，既热烈又含蓄，是其常用色彩；图案上以"福""禄""寿""喜"等字样，或是龙凤呈祥之类的中国吉祥图案为主。

6. 田园风格的家居配饰应体现出自然美感

　　田园风格的家居配饰应具自然山野风味。比如，使用一些白榆制成的保持其自然本色的橱柜和餐桌、藤柳编织成的沙发椅、草编的地毯，以及蓝印花布的窗帘和窗罩等，都可以将其特点很好地展现。另外，还可以在白墙上挂几个风筝、挂盘、挂瓶、红辣椒、玉米棒等具有乡土气息的装饰物，更是将自然风情体现得淋漓尽致。最后可用有节木材、方格、直条和花草图案，以及朴素、自然的干花等装饰物去装饰细节，营造一种朴素、原始之感。

装修技巧

家居配饰与风格设计

　　一、不同的家居风格其家居配饰的选择也有所不同，只有选对配饰，才能将风格特点得到更进一步的体现。

　　二、不同的家居风格其配饰的选择应该在色彩、材质、图案花型上有所区分；例如，复古风格的居室配饰一般色调较深，材质上减少玻璃的使用，而增加木材的使用，体现出厚重之感。

　　三、展现家居风格，同样不是用大量的装饰品进行堆砌，而是选择具有代表性的装饰品来装点，如中式风格的家居中，书法字画、青花瓷器，都是令其风格升华的绝佳装饰品。

装修建议

中式风格的家居配饰选择

　　中国传统古典风格是一种强调木制装饰的风格。当然仅木制装饰还远远不够，必须用其他的、有中国特色的配饰来丰富和完善。比如，可以利用唐三彩、青花瓷器、中国结等来强化风格和美化室内环境。

配饰与空间关系设计

1. 客厅配饰应实用性与装饰性兼具

可以在客厅多放一些收纳盒，使客厅具有强大的收藏功能，不会看到杂乱的东西摆在较为显眼的地方，如果收纳盒的外表不够统一，不够美观，可以选择漂亮的包装纸贴在收纳盒的表面，这样就实现了实用与美观并存。尽量避免大的装饰物如酒柜等，以免分割空间，使空间显得更加狭小。

▪▪▪▪▪ 客厅常用配饰 ▪▪▪▪▪

装饰画

可以使用挂件或字画，张贴字画时一定要注意大小比例、颜色搭配，如果大小不合适会适得其反。

布艺织物

包括窗帘、沙发蒙面、靠垫以及地毯、挂毯等，应稳重大方、风格统一。能围绕一个主题进行布置，则更理想。

工艺品

配置工艺品要遵循以下原则：少而精，符合构图章法，注意视觉效果。并与起居空间总体格调相统一，突出起居空间的主题意境。

2. 餐厅装饰应从建筑内部把握空间

在对餐厅进行装饰时，应当从建筑内部把握空间。一般来讲，就餐环境的气氛要比睡眠、学习等环境轻松活泼一些，装饰时最好注意营造一种温馨祥和的气氛，以满足业主的一种聚合心理。因此餐厅装饰不仅要依据餐厅整体设计这一基本原则，还要注意突出自己的风格，气氛既要美观，又要实用。例如，可以在餐厅的墙壁上挂一些如字画、瓷盘、壁挂等装饰品，也可以根据餐厅的具体情况灵活安排，用以点缀、美化环境。

3. 厨房配饰宜采用同色系

厨房墙面的处理可以采用艺术画或装饰性的盘子、碟子，这种处理可以增添厨房里的宜人氛围。如果厨房空间较小，作配饰设计时可以选择同样色系的饰品进行搭配。如白色系的厨房，可以选购白色系的配饰，然后再局部点缀一些深色系的饰品，会让空间更有层次感。

4. 卫浴间更适合塑料饰品

塑料是卫浴间里最受欢迎的材料，色彩艳丽且不容易受到潮湿空气的影响，清洁方便。使用同一色系的塑料器皿包括纸巾盒、肥皂盒、废物盒，还有一个装杂物的小托盘，会让空间更有整体感。此外，陶瓷、玻璃等工艺品也十分适合装饰潮湿的卫浴间。

5. 玄关装饰集实用与美化空间为一体

玄关不仅要考虑功能性，装饰性也不能忽视。一幅装饰画，一张充满异域风情的挂毯，或者只需一个与玄关相配的陶雕花瓶和几枝干花，就能为玄关烘托出非同一般的氛围。另外，还可以在墙上挂一面镜子，或不加任何修饰的方形镜面，或镶嵌有木格栅的装饰镜，不仅可以让业主在出门前整理装束，还可以扩大视觉空间。

6. 过道配饰展示可利用墙面空间

在过道的一侧墙面上，可做一排高度适宜的玻璃门吊柜，内部设多层架板，用于摆设工艺品等物件；也可将走廊墙做成壁龛，架上摆设玻璃皿、小雕塑、小盆栽等，以增加居室的文化与生活氛围。另外，在过道的空余墙面挂几幅尺度适宜的装饰画，也可以起到装饰美化的作用。

 装修技巧

配饰的选择要点

一、配饰的选用与家居空间存在着很大的关联。如客厅作为会客的主空间，配饰的选择应以装饰为主，且应具备一定的格调；而像卫浴间、厨房的配饰，除了装饰功能外，最好也应体现其实用功能，如卫浴间中可采用同系列的洗漱装饰瓶来展现业主在配饰细节上的用心。

二、另外家居空间的大小和功能，也决定了配饰的选择。如大型装饰品和植物，就不适合小空间，以及卧室这样的休憩空间；而将其摆放在大空间的客厅、玄关等处，则能提升居室的大气之感。